ゼロから世界で290万フォロワーの
インスタグラマーになれた「D」が教える

間違いだらけのInstagram

プロインスタグラマー
D

アスコム

あなたはInstagramの使い方を
間違えていませんか？
まずは、○×クイズでチェック！

question 01

「今から始めるならInstagramよりもYouTubeだ」

○か×か？

answer 01

工数が多いYouTubeよりもInstagramの方が圧倒的に手軽で簡単。

YouTubeよりもInstagramが優れている点は主に3つあります。

①準備や撮影、編集、アップロードといった**制作工程に時間がかからない**

②写真一枚で、言葉の壁を超えた直感的なコンテンツを**世界中に発信できる**

③近い興味を持つ者同士が新たにつながることができる独自のアルゴリズムで、**不特定多数のユーザーに自分の発信が届きやすい**

YouTubeよりも手軽で世界に向けて発信力のあるInstagramは、使い方次第で人生を変える大きなチャンスを手に入れることができるツールなのです。

詳しくは54ページ

question 02

「映えてない写真をシェアしてはいけない」

○か×か？

answer 02

〝インスタ映え〟よりも大事なことはインスタのアルゴリズムに愛されること。

より多くの人にフォローしてもらいたいのであれば、自分のコンテンツがたくさんの人の目につくことが重要。そのためには、アルゴリズムに愛される必要があります。もはや、〝インスタ映え〟だけでは通用しません。

Instagramは独自のアルゴリズムによって、閲覧履歴などの行動からユーザーが好みそうなアカウントやコンテンツを自動で選択し、優先的に表示します。そのため、Instagramに自分のアカウントの性質を覚え込ませて、近い興味を持つ人の発見タブにおすすめ表示してもらえるようにアルゴリズムを常に意識しましょう。

詳しくは188ページ

question 03

「リールがバズればフォロワーさんが増える」

〇か×か？

answer 03

プロフィール画面を充実させ、フォロワーさんのメリットを明確に！

ここ数年のInstagramにおいて発信が盛んになっているリールは、フォロワーさんの数が数百人のアカウントでも、何千もの再生数を獲得することができます。しかし、再生回数と新規フォロー数はイコールで結ばれません。

どんなに面白いリールを作ってバズったとしても、結局はプロフィール画面へアクセスされなかったり、アクセスされても何らかのメリットを感じてもらえなければフォローに至りません。

そのためには、素敵な世界観など魅力がひと目で分かるプロフィール画面を作り上げ、リールの最後にアクセスを促すカットを入れて、フォローにつなげましょう。

詳しくは96・112ページ

question 04

「ファッションやメイクなどおしゃれで人気のカテゴリを選ぶ」

○か×か？

answer 04

✕

未開拓ジャンルのナンバーワンを目指せ！

もしも、私が今からInstagramを始めるなら、ファッションやメイクなどの人気のカテゴリを選択しません。それらに特化したアカウントがすでに多く存在しているため、自分が頭ひとつ抜けるのに苦戦すると考えられるからです。

これから挑戦するなら、競合の少ない〝ブルーオーシャン〟を選びましょう。例えばスイーツなら「駄菓子」や、ゲームなら「クレーンゲーム」など、人気のジャンルの中でもよりセグメントされたテーマを扱うアカウントなら、チャンスがあります。

詳しくは83ページ

question 05

「ハッシュタグの数はできるだけ厳選してスマートに」

○か×か？

answer 05

✕

見栄やプライドはいらない！一人でも多くの人に見てもらおう。

私はInstagramを始めてから今に至るまで、ひとつの投稿につきハッシュタグをできるだけ30個付けることを徹底しています。実際に3個しか付けなかった場合と上限の30個付けた場合のリーチ数を比べたところ、その差は歴然でした。この数字の差がInstagramのユーザーに「投稿を発見される差」となるのです。

ハッシュタグを上限数まで付け続けてきたおかげで、290万人以上もの人に自分のアカウントを見つけてもらい、フォローされるまでに至りました。地道な活動の差が、最終的には大きな結果となります。

詳しくは137ページ

question 06

#「毎日投稿は最優先するべきか」

〇か×か？

answer 06

△

薄い内容のものを毎日発信するならば、質の高いものを継続すべき。

やみくもに毎日発信しても有益な情報が載っていなかったり、統一性のないアカウントにはファンが付きません。質の低いものを発信するくらいなら、まずは3日に一度でもいいので何を伝えるのか、計画してからフォロワーさんが喜ぶものをアップするように心がけましょう。

ただし、当然かもしれませんが、ベストなのは質の高い発信を毎日行うこと。それができるようになればいいね！やコメントをもらえる数がグンと増えます。多くの人にリーチする実績を積み重ねれば、Instagram側も良質なアカウントとして認識し、おすすめに表示してくれます。

詳しくは194ページ

question 07

「海外も重要だが、最初は日本でベースを作ったほうがいい」

○か×か？

answer 07

✕

円安&インバウンド時代、視野は世界へ！海外のフォロワーさんは大切な財産。

Instagramにはキャプションの翻訳機能や、独自のアルゴリズムなど世界中の人と新たに接点を持つことができる機能が搭載されています。コンテンツが魅力的であれば、国や言葉は関係なくファンになってもらえるのです。BTSさんをはじめとする韓国のエンタメ業界は、世界のマーケットを意識して成功を収めてきたそうです。私も世界中の人とつながることに重点を置いてアカウントを運用してきたため、仕事の依頼を国内外からいただけるようになりました。企業アカウントなら、自社のサービスや製品を海外の人に知ってもらうことで販路拡大も見込めますし、訪日客の需要も踏まえてアカウントを運用するとビジネスの可能性は広がります。

詳しくは64ページ

question 08

「いいね！やコメントはできるだけ返信しよう」

○か×か？

answer 08

×

「できるだけ」ではなく、フォロワーさんへの感謝の思いを込めて必ず返そう。

Instagramの運用に悩んでいる人の多くが、フォロワー数を単なる数値として認識しています。フォロワーさんはモノではなく、実在している人なので、LINEとまではいかなくても、同じような感じでコミュニケーションを意識した方がうまくいきます。私が普段〝フォロワーさん〟とさん付けして呼んでいる理由もそこにあります。フォロワーさんへの感謝を忘れず、いただいたコメントにリアクションを返してから次の発信を行うようにしています。

また、フォロワーさんとの交流が盛んになると、アルゴリズムの影響で近い興味を持つユーザーに自分のアカウントが「おすすめ」として表示され、新たにフォローしてもらえる可能性も高まります。

詳しくは196ページ

question 09

「PR案件はできるだけ受けた方がいい」

○か×か？

answer 09

✕

PR案件ばかりの発信ではダメ！信用を失いアンフォローされていく。

人気のインスタグラマーになると、企業からPR案件やブランドコラボなどの仕事を依頼されることがあります。しかし、それだけで楽に稼げるといったことは決してありません。逆に、案件関連の発信ばかりが続くとフォロワーさんが興味を失い、フォローを外されることにつながります。何よりも大切なのが、応援してくれるフォロワーさんが何を求めているのか常に考えること。私の例でいうと、お仕事でいただいた収入でフィギュアを撮影するため山に登り、フォロワーさんに楽しんでもらえるような作品を撮って還元しています。何をアップするにしても、それを見たフォロワーさんがどう思うのかを最優先で考えましょう。

詳しくは204ページ

question 10

「Instagram広告は、多額の予算をかければ効果が出る」

○か×か？

answer 10

×

引きのあるコピーとビジュアル、そして金額よりも掲載期間が大事！

予算をかければそれだけ効果が上がると思われがちですが、どんなにお金をかけてリーチ数が増えたとしても、実際にアクセスしたくなるような内容になっていなければ意味がありません。見た人の心に刺さる写真やキャッチコピーになっているかがポイント。コンテンツが命です。

また、短期間よりも2週間くらい出し続けることで潜在的なターゲットにも広告が目に触れるチャンスが生まれます。今は、Instagramが自動的に広告を表示するユーザーを設定してくれる機能があるので、適切な範囲に絞って回すのも効果的です。

詳しくは233ページ

question 11

「企業アカウント以外はプロアカウントに切り替えなくてもいい」

○か×か？

answer 11

✕

インサイトによる効果検証は必須！コンテンツの反応を定期的にチェック。

Instagramで成果を上げるなら、インサイトは切っても切れない存在。プロアカウントに切り替えることで閲覧が可能になり、自分のコンテンツがどれくらいの人にリーチして、どれくらいの人にフォローしてもらえたのか、フォロワーさんの男女比率やアクティブな時間帯などを知ることができます。

インサイトを使ってコンテンツを見た人のリアクションを分析し、より効果的な発信を検証しながら続けていくことがアカウントの成長につながるのです。企業だけでなく、個人アカウントでも、インサイトを見ながらフォロワーさんの期待に応えることでエンゲージメントを上げていくことが大切です。

詳しくは170ページ

question 12

「Instagramは人生の選択肢が広がるSNSである」

○か×か？

answer 12

○

応援してくれる人が増えれば、人生も仕事も趣味も選択肢がグッと広がる！

時代に合わせてアップデートを繰り返し、世界で最も影響力を持ち続けるInstagram。この本を通してInstagram運用のテクニックをマスターすれば、フォロワーさんに応援されるようになり、その結果、好きなことを仕事にできたり、夢の実現に向かって歩み始めることができるかもしれません。ちょっとしたコツを意識しながらInstagramを運用すれば、人生の選択肢は広がります。最初は誰もがフォロワー数ゼロからのスタートです。

さあ、私と一緒にインスタドリームをかなえましょう！

詳しくは241ページ

Instagramのおかげで
やりたかったことが実現できました

3

2

1

5

4

8

7

6

1：パリ、ミラノのファッションショーで40以上のブランドから招待状をもらう　2：地元・佐賀県の応援の一環で佐賀の縫製工場とアニメ『ゾンビランドサガ』とDのコラボ　3：エンタメをかけ合わせた保護猫支援として『ニャン公』(NyanCo.)を開発　4：保護猫活動　5：Z世代としてテレビCMにも出演　6：特別講師として大学で授業。自分の知識が後輩たちの役に立てる喜び　7：済州観光公社のご依頼で韓国の済州島の魅力を発信　8：トルコ大使館からご依頼いただきトルコ観光のInstagram施策に協力

はじめに

Instagramと本気で向き合えば人生が変わる

こんにちは。著者のDです。

本書をお手に取って下さりありがとうございます。

皆さまは先に挙げた○×問題、どのくらい正解できましたか？　勘がいい皆さまならもうお気づきかもしれませんが、この○×問題は、つい思い込みがちなInstagramの間違った使い方の代表例です。ステレオタイプの誤ったインスタマーケティングによって、頑張っても成果が出ない、もったいない運用をされている人が多く見受けられます。

「どうすれば、フォロワーさんが増えるのでしょうか」

「SNSマーケティングのセミナーに通ったり、自分なりに勉強もしていますが、うまくいきません」

「Instagramのマーケティングやコンサルティング会社のコンサルに従ってやっているのに、なぜ成果につながらないのでしょうか」


こういったご相談をよく受けてきました。

お話を伺うと、忠実にインスタマーケティングを実践されているにもかかわらず、そもそも間違った方法で運用されていたためにうまくいっていないことが多いことに気がつきました。

Instagramは「大好きな人やものとのつながりを深める」という目的のサービスであるにもかかわらず、インスタマーケティングが間違った戦略を立てているケースが多いのです。

本書は2023年最新版のInstagram運用術をまとめましたが、実は3年前にも書籍を出版させていただきました。その書籍を読み、忠実にInstagramの運用を実践され、フォロワーさんが3千人から9万人まで増えた女性がいらっしゃいます（P241参照）。この方は、食と美容のジャーナリストで、当時から1日5店舗のスイーツ店を回って取材するなど、ご活躍されていたのですが、よりInstagramでの発信に付加価値がついたことで、今ではその方が大好きな有名スイーツ店のアンバサダーに就任されたそうです。

そのお話を伺い、自分のことのようにうれしい気持ちになったと同時に、間違わなかったInstagramは必ず仕事になることを教えてもらいました。

私は2014年にアカウントを開設し、長年インスタグラマーとして活動してきました。同時に企業やクリエイターのSNSアカウントのコンサルティングの仕事にも取り組んできました。先ほどの女性のような方を増やしていくためには、課題を見つけ、解決策を提案する力が必要でした。だから、コンサルタントにもならざるを得なかったというのが正直なところです。

私のようにプレイヤーとコンサルタントの兼務は、周囲でもあまり聞いたことがない珍しい経歴です。プレイヤーは〝好きなこと〟をビジュアル化してフォロワーさんやInstagramのアルゴリズムに愛されることで、よりアカウントを成長させていくのが仕事です。そのため、どうやったらフォロワーさんに楽しんでもらえるのか、求められていることを探ったり、最新のアルゴリズムの研究をすることを続けてきました。

しかし、私は海外を視野に入れてInstagramをプレイしているため、フォロワーさんが多い国は、日本ではなくアメリカやインドです。この両国が1位と2位ですが、日本を含め世界30カ国以上の方にフォローしていただいています。

言葉も文化も違うため、はじめはどうすれば海外のフォロワーさんに楽しんでもらえるのか分かりませんでした。しかし、地道にPDCAを繰り返したおかげで、フォロワーさんに楽しんでもらえるコツをつかんでいくことができました。それをコンサルティングや書籍と融合させたとき、大きな成果が生まれる経験をしてきたのです。

この本では、間違わないInstagramの使い方を学べるガイド本のような内容を心がけました。間違わなかった結果、Instagramを仕事にしていける方が増えれば本望です。

現役プロインスタグラマーが教えるインスタ教本決定版

Instagramを運営するMeta社のウェブサイトでは、Instagramのミッションとして「大切な人や大好きなことと、あなたを近づける」と示しています。Instagramを通して、既存の友人や知人とつながれるだけでなく、新たなフォロワーさんと近づけるよう、独自のアルゴリズムを構築しています。このアルゴリズムに愛されることこそ、「間違わない」Instagramの運用のカギです。

この本は新しい未来を夢見る皆さまに向けて、プレイヤーとコンサルタントとしての私が実践・検証を行ってきたデータをもとに、Instagramの基本的な使い方から、応用まで、順を追って紹介していきます。

これからInstagramを始めたい人も、すでにアカウントを持っている人も、いま一度使い方を見直してみましょう。急がば回れということわざがあるように、正しい知識とテクニックを身につければ、間違わずに運用できます。

“Dってこんな人”

今回、この本を出版するにあたり、Instagramを通してつながることができたさまざまな業界の方にコメントをいただきました。皆さん私よりも上手に私のことを紹介してくれている気がするので、こちらで紹介させていただきます。

●ISARIBI株式会社 代表取締役 REAL AKIBA BOYZ／榊原敬太 a.k.a. けいたん

高い志を持つオタク。でも、猫みたい。教えたり、誘ったりするとホイホイついてくるカワイイ弟分みたいな存在。最初はやはりオーラのあるやつだなと思ってたけど、今となっては、すごく心強い仲間。仕事も遊びもたくさん一緒に過ごせてるからこそ分かったことは、写真が死ぬほどカッコいい、ただのオタクだということでした（笑）。

●**猿田彦珈琲株式会社 代表取締役―大塚朝之**

D君は見た目から怪しい。そして、言うこともズバズバと厳しい。だけど、いつもその言葉の中には、人への優しさや忘れていた純粋さがあふれている。

●**写真家―延 秀隆**

D君。人好きなのに、時として無愛想で猫のようだ。彼の持つ豊かな創造性――じっと目を閉じ人の声を聞く。身の軽さと興味のないことへの無反応。……やっぱり彼は猫だ。私は今日も「D」という名の猫を撮る。

●**株式会社アイクリエイト 代表取締役―粟田あや**

自分の考えと感性を大事にできる人。当たり前のことをやり切れる人。そして関わる人(動物)に愛をもって接する人。いつもたくさん刺激と学びをもらっています。

●株式会社レバーン 代表取締役｜匹田絵人

好奇心旺盛で圧倒的な行動力の持ち主。アーティスティックだが実はマメな努力を惜しまない。こだわりが強い故に尖っているように見えるが、新たな価値観に対して純粋に取り入れたりと、2人共同で創作したキャラクター『ニャン公』のような天真爛漫なアーティスト。

●プロデューサー｜片柳麻美子

Instagramがまだ日本ではそこまで注目されていなかった際に、独自の手法で投稿をしたことがきっかけでフォロワーを伸ばしたことは、若い彼だからこそできたのではないかと感じております。また、投稿をするにも一つひとつとても時間がかかるものなので、それを継続していることが素晴らしく、まさに今風ではありつつ、彼なりの継続の結果として、今の地位を築けていると思います。

●株式会社マクアケ 代表取締役社長―中山亮太郎

出会いはまさかの本田圭佑さんからの紹介。達観した若者だと思っていたら、ただのオタクですぐに意気投合。今ではフィギュアを一緒に漁りにいく同志です。日本のコンテンツを愛しつつ、猫への愛情を深く持っていたり、ファッションへの造詣も深かったり、話をしているといつも時間を忘れてしまいます。

●ファッションデザイナー―芦田多恵

D君は、ファッショニスタとしてSNS上に彗星のごとく現れたという記憶があります。とても穏やかでシャイな印象なのですが、確固たるポリシーを持ち、愛にあふれた生き方を実行している人です。どこにそんなパワーが⁉ と思うほど。これからも彼の活動に刺激をもらえたらうれしいです。

Dのインスタ略歴&フォロワー推移グラフ

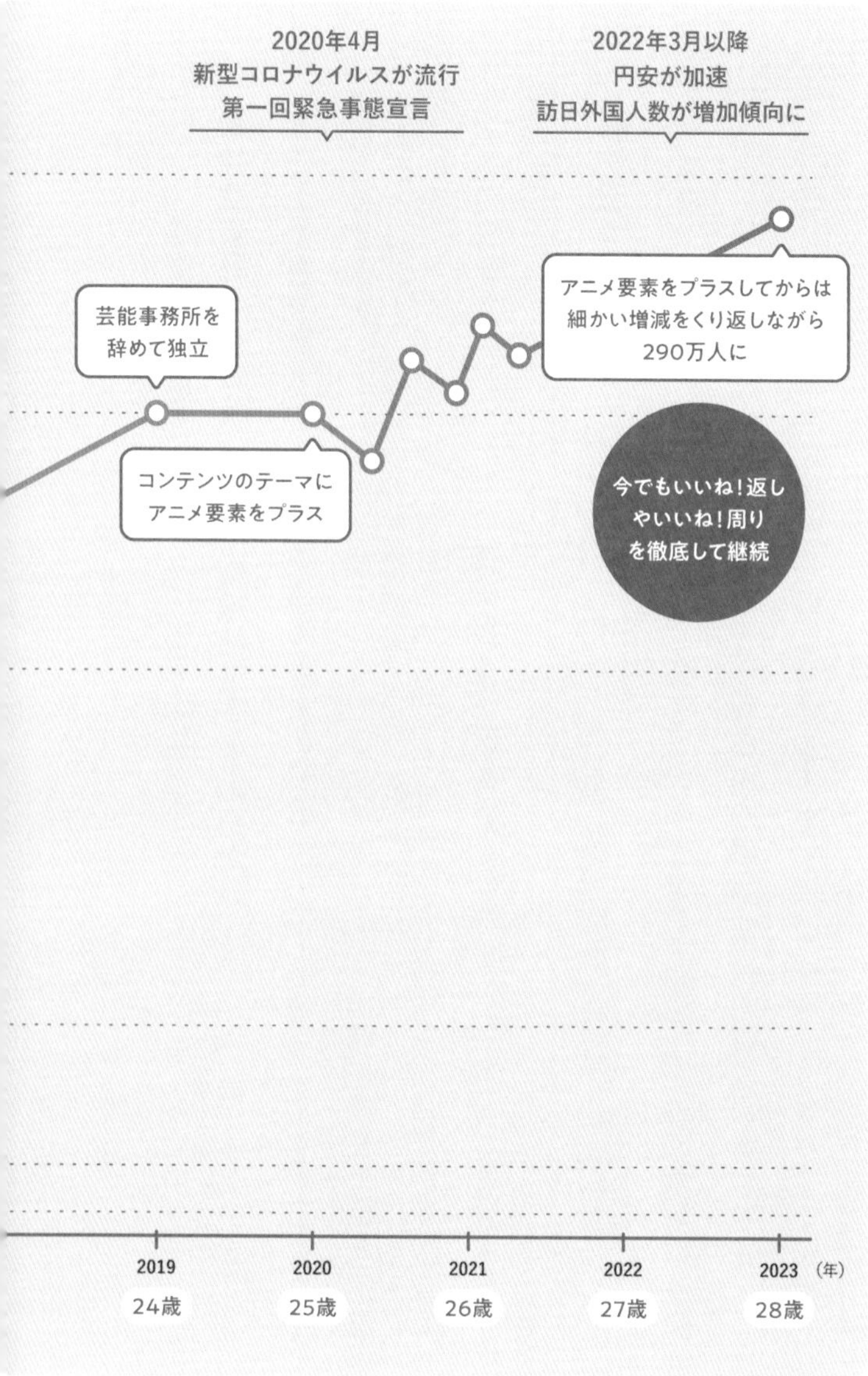
2020年4月
新型コロナウイルスが流行
第一回緊急事態宣言
2022年3月以降
円安が加速
訪日外国人数が増加傾向に
芸能事務所を
辞めて独立
コンテンツのテーマに
アニメ要素をプラス
アニメ要素をプラスしてからは
細かい増減をくり返しながら
290万人に
今でもいいね!返し
やいいね!周り
を徹底して継続
2019
24歳
2020
25歳
2021
26歳
2022
27歳
2023
28歳
(年)

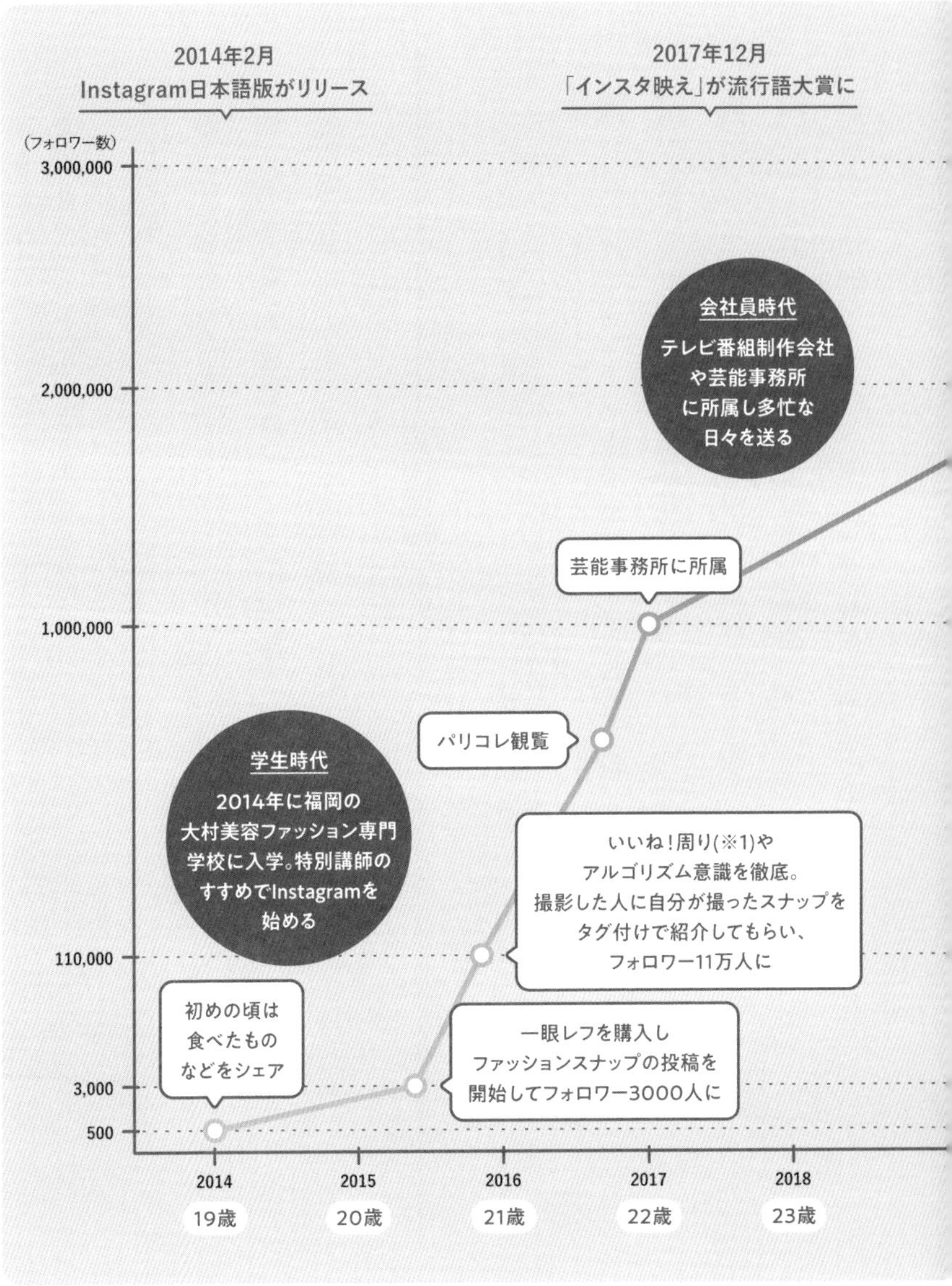
2014年2月
Instagram日本語版がリリース
2017年12月
「インスタ映え」が流行語大賞に
(フォロワー数)
3,000,000
2,000,000
1,000,000
110,000
3,000
500
会社員時代
テレビ番組制作会社や芸能事務所に所属し多忙な日々を送る
芸能事務所に所属
パリコレ観覧
学生時代
2014年に福岡の大村美容ファッション専門学校に入学。特別講師のすすめでInstagramを始める
いいね!周り(※1)やアルゴリズム意識を徹底。撮影した人に自分が撮ったスナップをタグ付けで紹介してもらい、フォロワー11万人に
初めの頃は食べたものなどをシェア
一眼レフを購入しファッションスナップの投稿を開始してフォロワー3000人に
2014
2015
2016
2017
2018
19歳
20歳
21歳
22歳
23歳

※1　ほかのユーザーのコンテンツに「いいね！」をして周ること。
ユーザーに自分の存在をアピールすることができる。

目次

準備編

chapter 01

なぜ今もInstagramが最強のSNSなのか？

contents

実践編

contents

chapter 06 週一のインサイト効果検証で作る愛されアカウント

contents

画面の見方

ホーム画面　　プロフィール画面

1 **お知らせ**：新規フォロワーやコンテンツへのいいね！、コメント、メンションの通知などが表示される

2 **メッセージ**：メッセージの送受信や管理、通話が可能

3 **ストーリーズの追加**：ストーリーズをシェアする

4 **ストーリーズ**：フォローしているアカウントのストーリーズが表示される

5 **投稿**：ひとつの投稿につき、10枚までの写真や動画をアップできる

6 **フィード**：ホーム画面の中で投稿やリールが表示される部分

7 **ユーザーネーム**：プロフィール画面に移動できる

8 **場所**：その場所に紐づけられたコンテンツが表示される

9 **メニュー**：シェアやリンク、保存などコンテンツに対してのアクションを選択できる

10 **いいね！**：コンテンツへいいね！をする

11 **コメント**：コンテンツへコメントを追加する

12 **シェア**：コンテンツを自分のストーリーズへ追加したり、メッセージを使って誰かに共有することができる

13 **保存**：コンテンツを保存する

14 **いいね！したアカウント**：このコンテンツにいいね！したアカウントが表示される

15 **コメント**：コンテンツについたコメントを表示する

16 **翻訳を見る**：外国語が自分が設定した言語に翻訳される

17 **ホームタブ**：ホーム画面が表示される

18 **発見タブ**：おすすめの投稿やリールが表示される。検索ができる

19 **新規投稿**：投稿やストーリーズ、リール、ライブを発信できる

20 **リールタブ**：アルゴリズムに則ったリールが表示される

21 **プロフィール画面**：自分のプロフィール画面に移動する

22 **作成する**：投稿やストーリーズ、リール、ライブを発信できる

23 **メニュー**：設定などを変更する

24 **プロフィール**：設定した名前や自己紹介、リンクが表示される

25 **プロフェッショナルダッシュボード**：インサイトなどを確認する

26 **ハイライト**：過去にシェアしたストーリーズをまとめて表示する

27 **プロフィールグリッド**：過去にシェアした投稿やリール、ライブが並ぶ

28 **リールグリッド**：過去にシェアしたリールが並ぶ

29 **まとめ**：自分やほかのユーザーがシェアした投稿やリールをまとめたものが表示される

30 **タグ付けされたコンテンツ**：自分がタグ付けされた投稿やリールが並ぶ

用語解説

「シェア」

「投稿」と差別化するために「投稿する」というワードは使わずに、コンテンツを発信することを「シェアする」または「アップする」「発信する」と表記しています。

「投稿」

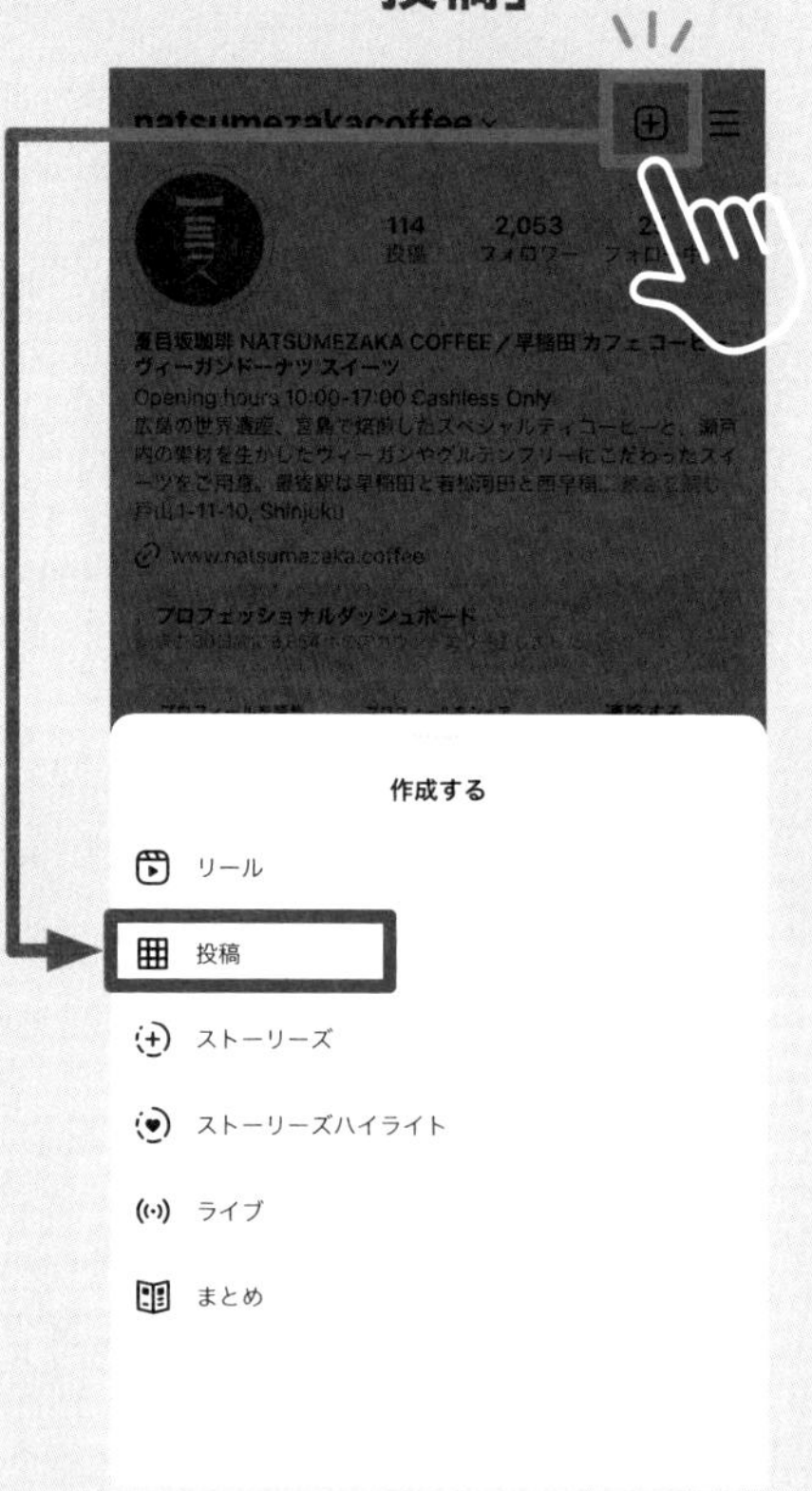

最もスタンダードな発信方法で、1〜10枚までの写真や動画をアップできます。「フィード投稿」と呼ばれる場合もありますが、アプリ内の表記に倣って「投稿」と呼称します。

現在ネットなどの記事では、正しくないInstagram用語が氾濫しており、専門書においても誤解を招く説明が少なくありません。そのため、本書では実際のInstagramの日本語表示に合わせて、用語を統一して使用させていただきました。

「プロフィールグリッド」

プロフィール画面の、シェアしたコンテンツが並んでいる部分を「プロフィールグリッド」と呼称しています。アカウント独自の世界観を演出することができます。

「フィード」

フォローしているアカウントや自分がシェアした投稿やリール、広告などが表示される部分を「フィード」と表記しています。タイムラインと呼ばれる場合もあります。

～おことわり～

本書の内容は、2023年2月時点の情報をもとに構成されています。出版にあたって正確な執筆に努めましたが、Instagram運用の結果について著者及び編集部は一切の責任を負いかねます。ご了承ください。また、本文内の製品名・サービス名は、一般に開発メーカーおよびサービス提供元の登録商標または商標です。

企業や個人のInstagramの画像は許可を得て掲載しています。

chapter

01

準備編

なぜ今もInstagramが最強のSNSなのか？

今やInstagramは単なるSNSの枠を越え、情報検索エンジンやビジネスツールとして活用されるようになりました。そもそもInstagramは全世界共通で言葉よりもビジュアルを楽しむ文化があるため、ほかのSNSに比べてフォローしてもらえるパイが大きく、グローバル化が進む現代、Instagramの発信力には大きな可能性が広がっています。

写真一枚でシェアできる最強のSNS

皆さま、SNSは今、どれくらいの人に使われていると思いますか？日本国内では、スマートフォンの普及により、10代から60代の使用率は各世代70％を超えています。現代人にとって欠かせないツールとなったSNSは、年齢性別問わずに人々の生活に密接した存在といえるでしょう。

ひと口にSNSといっても、その特徴や活用法はさまざま。まずは、Twitter、YouTube、Facebook、TikTokの4つの主要なSNSを例に挙げて、それぞれの特徴について考えてみましょう。

Twitter

メリット	デメリット
文字ベースのSNSのため、手軽に発信ができる。	一度に発信できる文字数に制限がある（140文字）ため、文章をうまくまとめるテクニックが必要。

YouTube

メリット	デメリット
映像を中心としたコンテンツのため、ビジュアルの情報を分かりやすく伝えやすい。	撮影や編集の手間やコストがかかりがち。

Facebook

メリット	デメリット
実名制で、知人や過去に親交のあった人とつながることができる。	新たな人と接点を持つことはあまり多くない。

TikTok

メリット	デメリット
YouTubeよりも短尺の映像コンテンツを発信するSNSで、動画編集機能が優れている。	世界的に見ると、ユーザーの多くが若年層に偏っている。

Instagramの一番の特徴は、写真一枚で情報発信ができるため、言語の壁を越えて世界中の人に見てもらえるチャンスがあること。画像は文字の7倍の情報量があるともいわれており、長々と文章を書かなくても、見る人にインパクトを与えます。発信方法は画像だけでなく、リールなどの動画やライブなどもあり、自分の得意な方法を選べるところもInstagramのメリットです。

また、近年Instagramは検索ツールとしても活用されています。Google検索では数年前の情報も上位に表示されますが、Instagramではユーザーがシェアした最新のリアルな情報を得ることができます。

ほかのSNSに比べてアンチコメントが少ないことも魅力です。各アカウントの世界観が強いため、その価値観に対して否定的な意見を言いづらいのです。

さらにショッピング機能が加わったことで、ビジネスツールとしても有用となり、グローバル化が進む現代で、平和かつ安全に取り組めるInstagramは新時代を築く最強のSNSだといえるのです。

Instagramが最強のSNSである理由

- 言語の壁を越えて世界中の人に見てもらえる
- 発信方法がたくさんあり、得意なやり方を選択できる
- 検索機能でユーザーからのリアルな情報が見られる
- アンチコメントが生まれづらく、ストレスなく平和に取り組める
- ショッピング機能によって直接購買につながる

写真加工アプリから全方位型メディアに

Instagramは2010年にリリースされましたが、アプリの進化とともにトレンドも変化してきました（P60図①）。2016年頃からは〝インスタ映え〟という言葉が登場し、コンテンツの〝質〟に目が向けられるように。ひとつの投稿につき、複数の写真や動画をシェアできるようになった2018年頃には、企画力を持った投稿やイラストコンテンツなどが人気となり、2020年からは雑誌型と呼ばれるまとめ記事のような投稿が日本で多く見られるようになりました。近年では、情報の専門性が高いコンテンツや、インフルエンサー・一般ユーザーからのシェア（UGC）（P218参照）が重要視されています。

また、リールの追加により、画像だけでなく動画のシェアが一般的となり、よりエンタメ性の高いアプリに進化しました。

「タグる#」から「タブる🔍」時代へ

ここ数年でInstagramはGoogleと同じくらい検索ツールとしても活用されるようになりました（P60図②③）。まずはハッシュタグを使ってInstagram内で検索をする（＝タグる）がユーザーの間では常識になりました。

そして近年、ハッシュタグ検索よりも利用されるようになったのが「発見タブ」です。発見タブとは、虫眼鏡マークをタップすると現れる検索待機画面のことで、Instagramのアルゴリズムによって個人の趣味嗜好に合わせたおすすめのコンテンツが表示される仕組みになっています。ハッシュタグ検索は自分から新しい情報を取りに行くのに対し、発見タブでは初めから自分の興味のあるコンテンツが表示されるため、購買にもつながりやすく、新たな消費行動として認知されるようになりました。

① Instagramのトレンドの推移

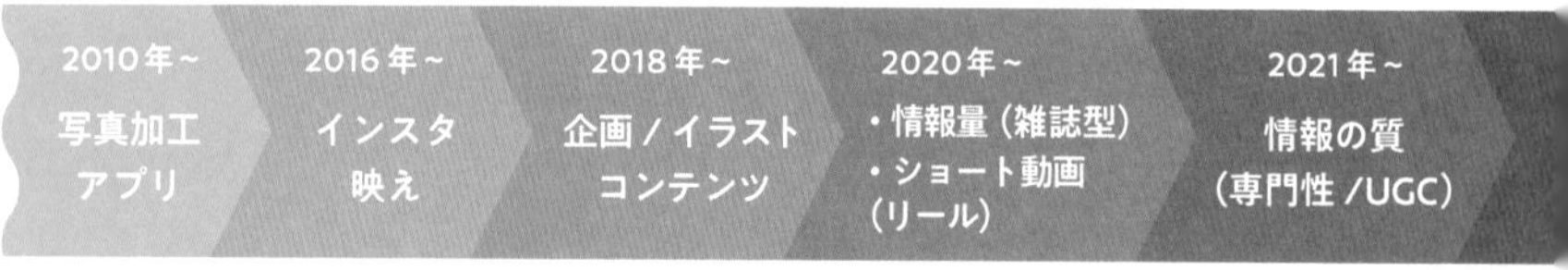

② アプリの役割の変化

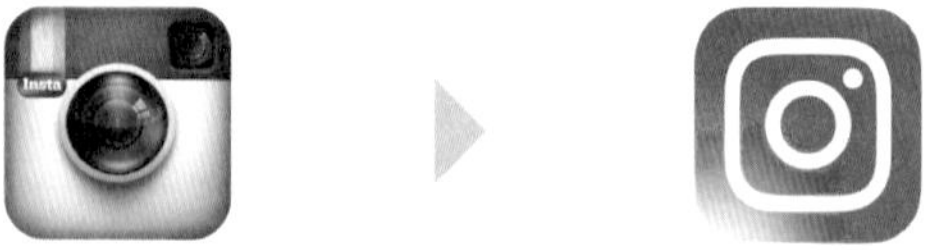

2010年リリース当初
写真加工アプリ

現在
Webに代わる検索エンジン

③ スマホで流行のファッション情報を調べる際によく利用するサービス

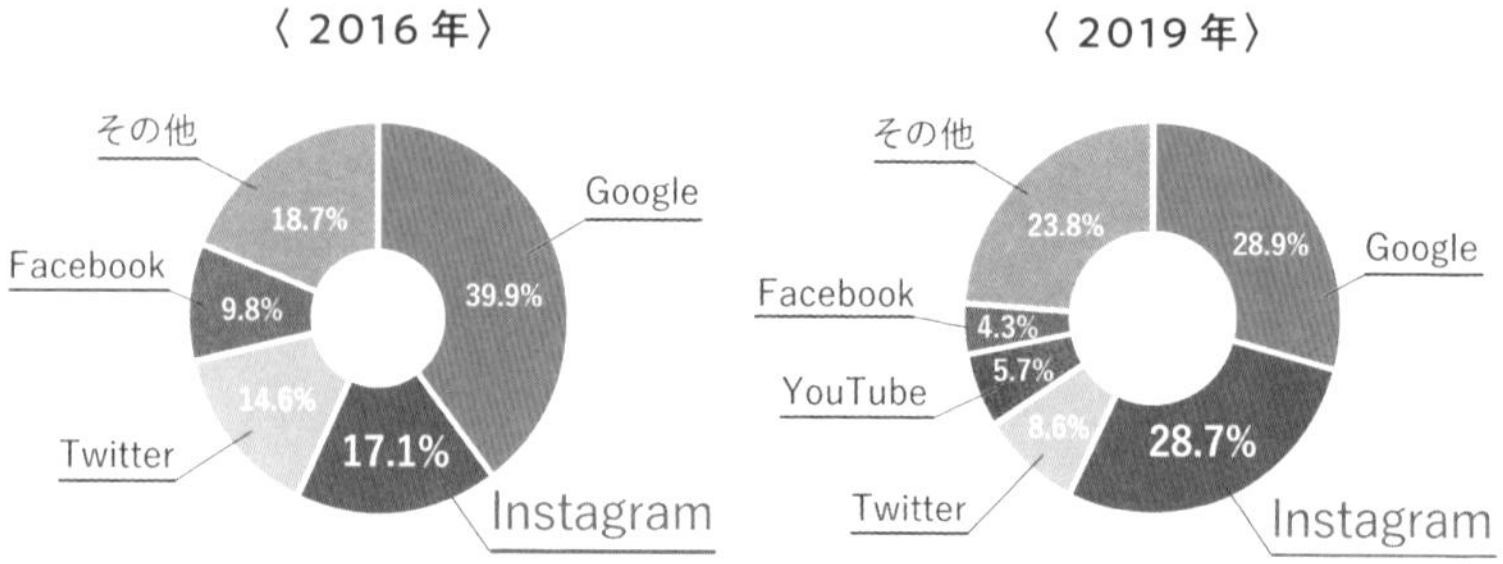

出典：Marketing Research Camp

オウンドメディアとして単独で機能

かつて企業はオウンドメディア（自社のウェブサイト）上で、自社の魅力や情報を発信することが通例でした。しかし近年ではオウンドメディアよりもInstagramの運用に力を入れている企業が増えています。

Instagramは従来のオウンドメディアよりも低予算で気軽に世界観をつくれる上、消費者ともダイレクトにコミュニケーションがとれます。

インフルエンサーを起用した施策をすれば、タグ付けやメンションによって自然にユーザーの目に留まり、利用者の口コミのシェアでそのフォロワーさんたちがアカウントに流れてきてくれるようにもなりました。

さらにショッピング機能を活用すれば、購買までをスムーズに誘導することができ、オウンドメディアとして単独で完結するようになったのです。

広告・開発・ブランディングなどビジネスの中心に

多くの人に情報を発信する場合、以前はテレビや新聞、Webを利用するのが主流でした。しかし今ではInstagramを使って効率的にプロモーションをする企業が増えています。Instagramにはユーザーの行動を分析し、その人が興味を持ちそうな情報を自動的に表示する機能があるため、不特定多数ではなく、〝特定多数〟に向けたアプローチが可能になったからです。

企業におけるInstagramの活用はプロモーションだけにとどまりません。ユーザーの趣味嗜好をリサーチして商品開発に生かしたり、ブランディングに活用したり、カスタマーサポートの役割を果たしたり、Instagramは企業のあらゆる活動の中心に据えるべきものとなってきています。

以前 SNSは広告宣伝の一部だったが……

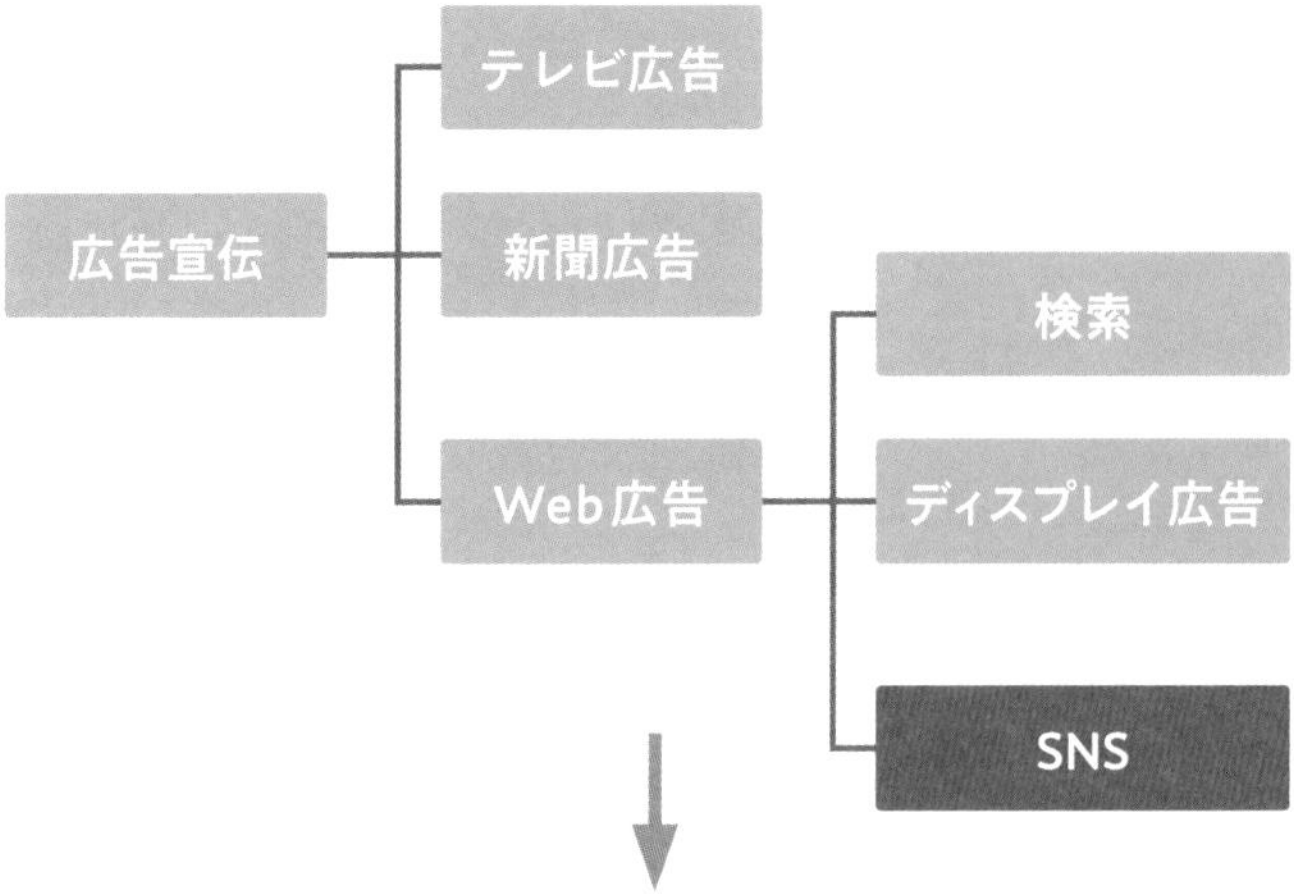

現在 ビジネスの中心ですべてのハブに！

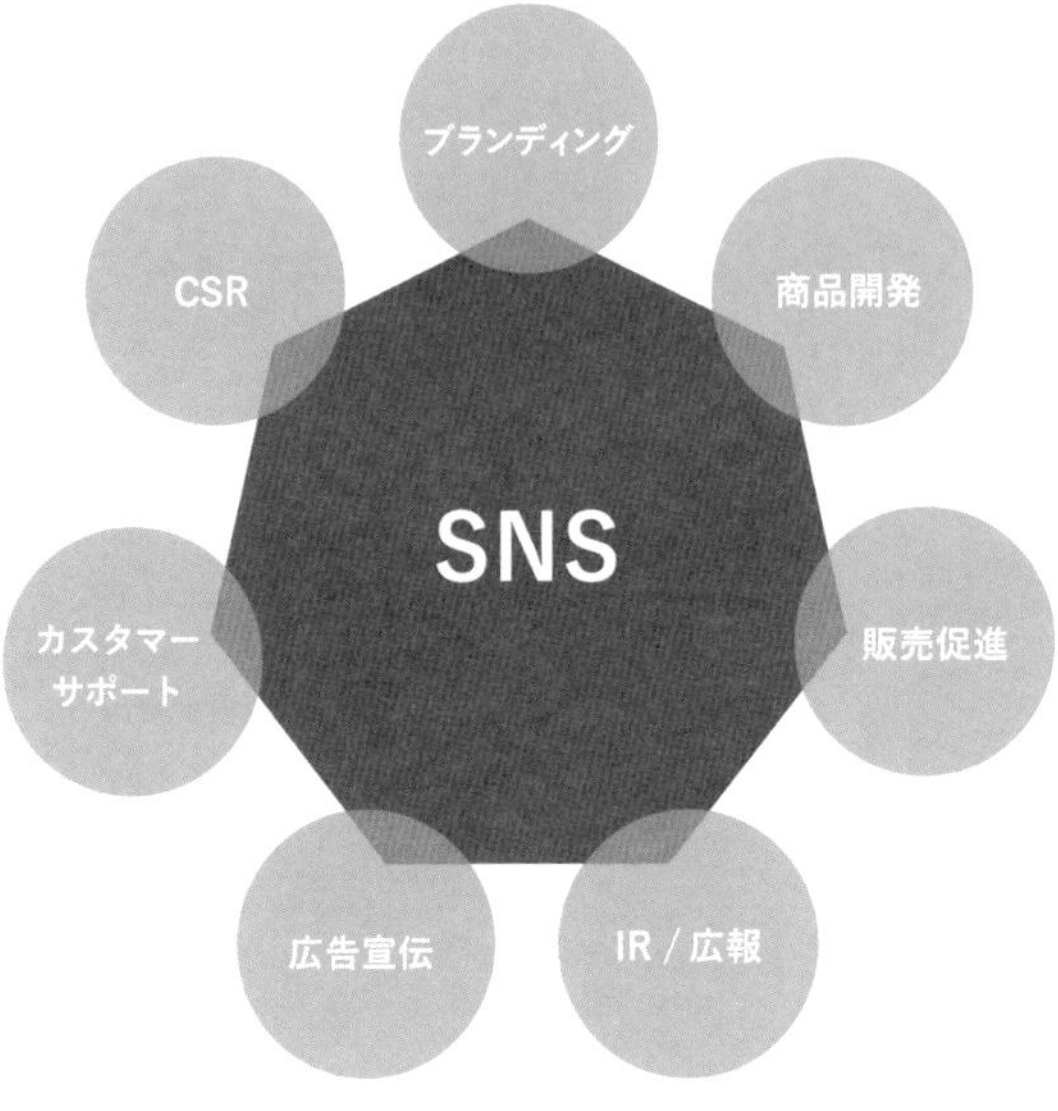

言葉の壁を越えて世界中の人に瞬時に届く

先にも述べたように、Instagramは写真一枚で発信ができるため、言葉の壁がなく、世界中の人と新たに接点を持ちやすいSNSです。

私はアカウントを開設した2014年から海外向けに発信していたため、約9割が日本以外のフォロワーさんですが、世界各地に自分のファンがいてくれるおかげで、仕事や旅行でほかの国に出かける際、おすすめを教えてもらえたり、新たな出会いを紹介してもらえたりすることがあります。

またInstagramには翻訳機能がついているため、読みたいキャプションやコメントがあれば、瞬時に自分の国の言葉に変換することができます。そのため、外国語ができなくても商品の魅力を伝えることができますし、ショッピング機能を使えば日本にいながらも海外展開が簡単にできます。

海外のフォロワーさんが多いことは、インスタグラマーとして仕事をしていくことで不利になるのでは？　と思われがちですが、むしろプラスになることが多かったです。国内の知名度でいえば、私よりも有名な方にはかないません。しかしそれが差別化となって、結果として海外展開をされている日本の企業や日本にサービスを普及させたい企業、そして大使館などとお仕事をさせていただくようになりました。

企業のInstagram導入が浸透してきているとはいえ、海外に比べると日本はまだ遅れています。SNS＝リスクと捉える古い考えが根強いからです。円安の状況であれば、海外からの旅行客や国産アイテムの需要が増えるはず。その点も踏まえて、Instagramでインバウンド向けに情報発信することでビジネスチャンスが増えるかもしれません。

D's column 01

海外に出て芽生えた「なんで？」思考

20代前半でパリやミラノコレクションに行ったり、フィリピンに語学留学をして海外の文化に直接触れたことが、私のその後の人生に影響を与えました。例えば、電車やバスが時間通りに来るとか、人がきちんと列に並ぶとか、それまで日本では当たり前だと思っていたことが、海外では違うということに衝撃を受けたんです。その経験がきっかけとなり、街中で目にするさまざまなことに疑問を持ち、学ぶようになりました。「なんで？」と考える視点を持つことは、Instagramを運用していく上でとても大切。ルールや常識にとらわれず、物事を深く見つめ直すことで「課題を発見し、解決のプロセスやアイディアを考える力」が養われるからです。この力を鍛えるために、日頃からニュースになっている出来事をただ眺めるのではなく、「なぜこのようなことが起こっているのか？」と物事の本質を探る癖が身につきました。

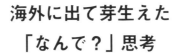

chapter

02

＝準備編＝

「フォロワーさんが増える流れ」を知る

ただやみくもに運用を始めても、フォロワーさんは増えてくれません。コンテンツをシェアする前に必ず知っておきたいのは「アカウントがフォローされるまでの流れ」です。ユーザーがフォローしたくなる仕組みを理解することで、効率よくアカウントを運用することができます。

仕組みを知らなければフォロワーさんは増えない

まずはアカウントがフォローされるまでには、次の3ステップがあることを理解しておきましょう。

①Instagram内のハッシュタグ検索や発見タブ、ほかのSNSでのシェアからユーザーが**コンテンツ**を発見→訪問

②興味を持った人は、そのコンテンツの**プロフィール**へ遷移

③プロフィールの内容からメリットを感じたらアカウントを**フォロー**

左ページの図を見て理解していただけましたか？　では、それぞれのステップをクリアするには、どんなことを意識すればいいのか解説していきます。

アカウントがフォローされるまでの流れ

いかに「シェアしたコンテンツ」をリーチさせるか

最初のステップをクリアするには、いかにユーザーにシェアしたコンテンツを見てもらうか（リーチさせるか）がポイントです。コンテンツを発見してもらう方法はいろいろありますが、左ページの重要な3本柱があることを覚えておきましょう。

・ハッシュタグ　・発見タブ　・SNSでのシェア

Instagramの中ではお馴染みのハッシュタグ。コンテンツの内容と関連性のあるハッシュタグを書き添えることで、自分のシェアしたコンテンツがハッシュタグを通して情報を探しているユーザーの検索結果に表示されます（効果的なハッシュタグの付け方はP137参照）。

リーチにつながる重要な3本柱

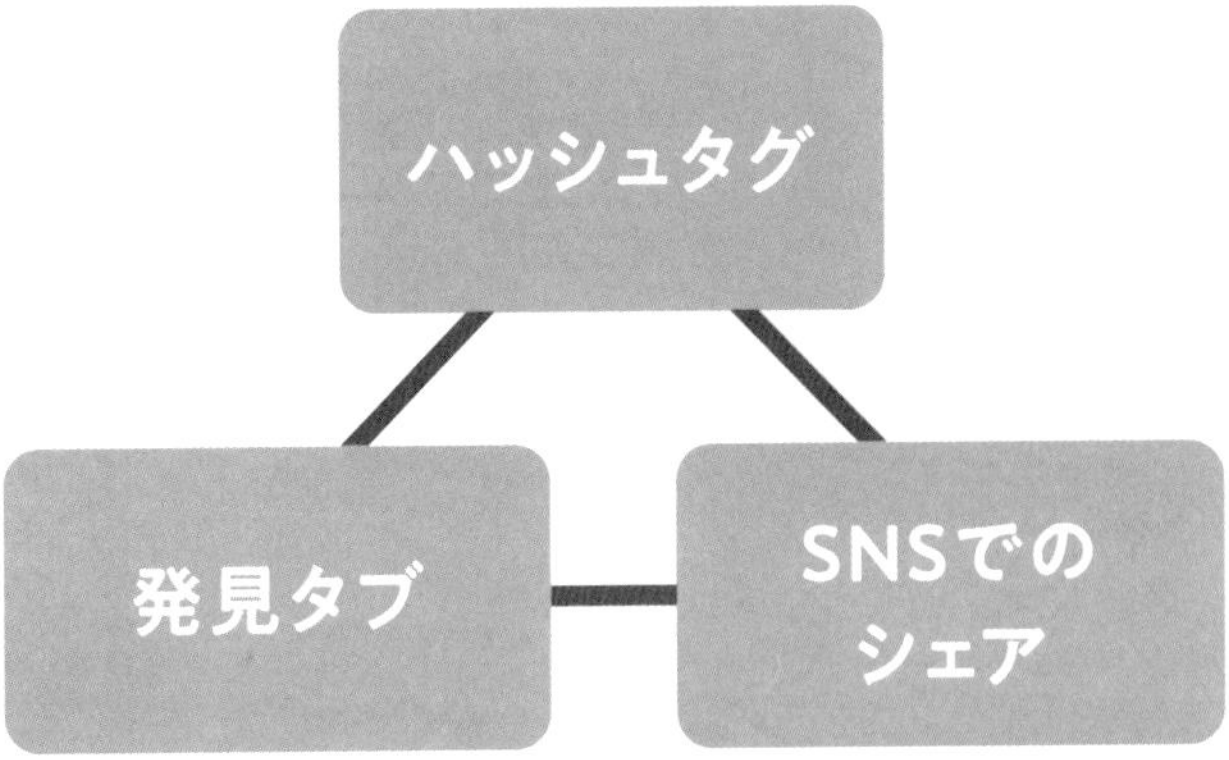

発見タブとはInstagramがユーザーの閲覧履歴などをもとに判断したおすすめのコンテンツをまとめているタブのこと（発見タブに表示されやすくなる方法はchapter 07参照）。

SNSでのシェアは、ほかのSNSでコンテンツが他人に共有されること。Instagramのストーリーズで自分の投稿やリールをシェアするという方法もあります（P154参照）。

このようなプロセスを経ることであなたのコンテンツはより多くの人にリーチしていきます。

いかに「プロフィール」にリーチさせるか

ハッシュタグ検索や発見タブなどでコンテンツが表示されても必ず見てもらえるとは限りません。ではどんなコンテンツが目に留まりやすいのでしょうか。大切なのは「その写真や動画が多くの人の興味をひきつけるものである」こと。

写真を撮ることが好きであれば、風景写真をきわめるのもいいでしょう。まとめ記事であれば、**タイトルやレイアウトにこだわって**、多くの人に自分事として興味を持ってもらえる工夫をしましょう。

そのコンテンツを見て「もっと見たい」と思ってもらえないと、プロフィール画面まで飛んでもらえません。**目を引くビジュアル、有益性などを意識する**ことで、リーチ数がアップするはずです。

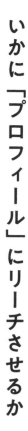

魅力的な投稿の例

@pinesoy.lotion

続きが気になる漫画はリーチを狙える期待大。

投稿では一度に10枚までの画像をアップできますが、こちらの漫画はあえて1枚だけにして、続きが気になる人にプロフィール画面に飛んでもらう工夫がされています。漫画が気に入ってもらえれば、プロフィールへの遷移だけでなく、フォローにまでつなげられる可能性も期待できます。

@nagano_japan

風景写真は幻想的な雰囲気や、色味の美しさがポイント。

文字入れすると投稿の内容がひと目で分かる。

いかに「フォロー」までつなげるか

コンテンツ単体が誰かの目に留まった後に大切なのは、フォローをしてもらうことです。そのためには、プロフィール画面に並んだプロフィールグリッドの世界観が魅力的であることが重要。統一感のない内容や、写真や動画の色味がバラバラでは、美しさを感じさせません。ハイライトにタイトルを付け、きれいに整えておくことも効果的です。こうすることで、ユーザーが知りたい情報にアクセスしやすくなります（P156参照）。

また、フォローボタンに近い位置にあるプロフィール欄は、アカウントのブランディングによって書く内容を変えましょう。（プロフィールの作り方はchapter 04参照）。プロフィール画面に訪問したユーザーが、自分にとって有益なアカウントと認識すれば、フォローにつながりやすいはずです。

プロフィール

情報発信系のアカウントなら、自分がどういう人間で、どんなことを発信しているのかを分かりやすく記載するのも◎。

ハイライト

発信内容にタイトルをつけてまとめ、情報にアクセスしやすくする。

プロフィールグリッド

写真や動画の雰囲気や色味などをそろえてアカウントの世界観をつくる。

※このプロフィール画面は実際のものとは異なります。

D's column 02

フォロワーさんを増やすことが目的ではない

ある一流企業の社長から「どうやったらそんなにInstagramのフォロワーが増やせるの？」と質問されたことがあります。私は、「あなたはお金を増やそうと思ってビジネスをしているのですか？」と聞き返しました。するとちょっと心外そうに「そんなことを考えてビジネスをやっていない！」という答えが返ってきたんです。多くの優秀な経営者は数字だけを目的に仕事をしていません。確固たる企業理念や社会貢献への目的があります。そして常にアップデートし、進化することを楽しみ、成果を出し続けることで投資価値のあるサービスや商品を生み出しているのです。私もフォロワーさんを増やそうと思って活動はしていません。まず前提としてフォロワーさんを単なる「数」として認識するのは相互的じゃない感じがして嫌なんです。その上でフォロワーさんを増やすことが目的ではなく、成果を出し続けることに意味があると思っています。

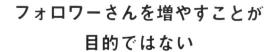

chapter

03

準備編

アカウント開設前に知るべき「安全×未開拓ジャンル×海外ウケ」

アカウントを作る前にまず重要なのは、発信するテーマの「未開拓ジャンルを探す」こと。人気のカテゴリはすでに成功者がたくさんいて、その中で成果を出すのは簡単ではありません。

また、「自分が熱意を持って発信できること」も意識すべきです。

ここでは、自己分析とマーケティングリサーチを重ね、〝ブルーオーシャン〟を見つける方法を伝授します。

設計図がなければ家は建たない

家を建てるときに、設計図がないと家は建ちませんよね。私はInstagramにも設計図が必要だと思っています。それに気づかず、いきなり運用を始めてしまう人がとても多いです。ただなんとなく見てもらいたいものだけをシェアしても、アカウントの個性は確立しません。趣味でやるだけならそれでもいいですが、Instagramでビジネスを成功させたい、好きなことをして生きていきたいと思うなら、その考えは捨ててください。

何をテーマにするのか、どんな世界観にするのか、どんな自分になりたいのか、自己分析とマーケティングリサーチを徹底的に重ね、アカウントの設計図を描きましょう。シェアを始めるのはその後です。

自分自身を知り、テーマ選びの筋道を立てる

アカウントを開設する前にまずやるべきことは、あなた自身の「個」を明確にすること。意外にも、自分のことほど知らない人は多いのではないでしょうか。自分自身を理解していなければ、SNSで共感を得ることはできません。

私の場合はInstagramを始めた時、「自分は何ができて何ができないか」を明確にしました。学生だったので、クラスの中ではどういう立ち位置か、この能力がないからこのテーマにしてもうまくいかないだろう、など改めて客観的に自分を見つめ直しました。そして自分の不得意なことに挑戦するのではなく、得意なことにコミットする方を選びました。

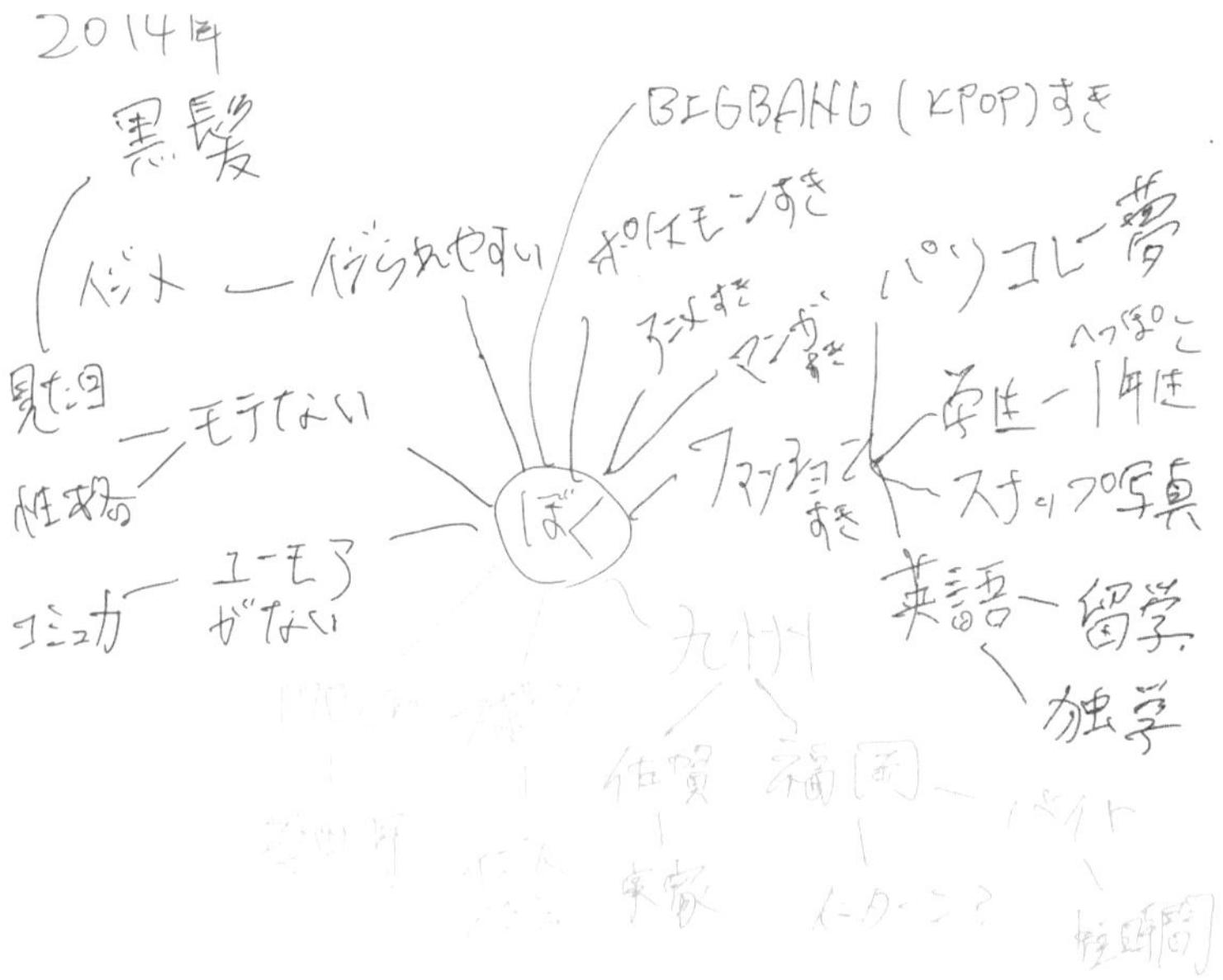

2014年当時を思い出して書いたDの自分探しメモ

正直に言うと、その頃の私は自分に自信がありませんでした。Instagram内ではおしゃれできらびやかな生活をシェアすることが流行っていたけれど、自分にはマネできないし、表に出ることが苦手でした。けれど写真を撮ることはできたので、おしゃれな人を撮影してシェアすることに決めました。

自分自身を客観的に見つめることが難しいと感じる方も多いかもしれません。好きなことや苦手なことをそれぞれノートに書き出したり、友人や家族に自分のことを聞いてみるのもいいでしょう。

InstagramやYouTubeで自分が「どんな人をフォローしているのか」「どんなジャンルに興味があるのか」など整理してみるのもおすすめです。興味のあることを分析することで、自己プロデュースの方向性も見えてきます。

好きなことが分かったら、自分がなぜそれが好きなのかを言語化してみてください。こうすることでより自分自身を知ることになりますし、今後Instagramで発信をしていく上でとても重要なことです。好きなことをきちんと自分の言葉で説明できると、その発信に共感してもらえることが増えるからです。

ちなみに、一度決めたテーマをずっと続けないといけないというわけではありません。私もコロナ禍で再びテーマと自分を見つめ直し、アニメをコンテンツにしたアカウントにシフトしましたが、そのおかげでフォロワーさんが爆増しました。大胆な方向転換はリスクも伴いますが、チャンスにもなります。

自分を知るための Check sheet

- 自分が得意なこと、苦手なことを
きちんと説明できますか？

- 自分がフォローしているアカウントは、
どんなジャンルが多いですか？

- 学校や会社の中では
どんな立ち位置ですか？

- 家族や仕事仲間には
どういう人だと言われますか？

発信するテーマは未開拓ジャンルを狙え

自己分析を進めつつ、自分のアカウントでは「何をテーマにするのか」について考えてみましょう。もし漠然と「ファッション」や「インテリア」などの人気がある大きなカテゴリに挑戦しようと考えている人がいたら、ちょっと待ってください。

興味のあることをテーマにするのは素晴らしいことですが、すでにライバルが多いカテゴリで成果を出すのは簡単なことではありません。それなら、あなた自身が興味のあることを掘り下げてみましょう。

例えばファッションなら「サステナブルファッション」、インテリアなら「グリーンインテリア」、スイーツなら「和菓子」といったように、興味を細分化したジャンルを深掘りしてみてください。多くの人が興味があるけれど、その分

× #sweets
3164万件

○ #japanesesweets
80.4万件

× #fashion
10.8億件

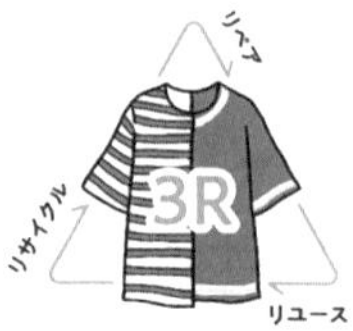

○ #sustainable fashion
1753万件

× #interior
8420万件

○ #greeninterior
26.3万件

※ハッシュタグの検索件数は2023年2月現在の情報です。

野で成功している人が少ないテーマ（＝ブルーオーシャン）を狙う必要があります。

それを見極めるために使うのがハッシュタグです。ハッシュタグ検索で数が多すぎるものは避けるべきです。かといって少なすぎるのも「興味がある人が少ない」ということなので、5千件以上を目安にするといいでしょう。「＃fashion」や「＃sustainablefashion」など関連するハッシュタグをいろいろ入れてみて、市場調査をしましょう。

「多くの人が興味があるけれど、その分野で成功している人が少ないテーマ」の分かりやすい例を挙げてみます。

Twitterの話になりますが、最近、「2年半以上毎日すき家を食べ続け、その写真をアップしている人（マナリスさん @manarisu9475）が話題になりました。マナリスさんはアプリのキャンペーンの友達登録でフォロワーさんからポイントをもらい、そのポイントですき家を食べ続けています。『すき家』自体は日本人なら多くの人が知っている飲食店です。けれど「フォロワーさんから集めたポイントで毎日食べ続けている」という点に注目が集まりました。

このように、**大きなテーマはレッドオーシャンでも**、企画力で勝負することもできるのです。「自分でやるには躊躇してしまうようなこと」に挑戦できれば、そのテーマの第一人者になれるのではないでしょうか。

海外ウケを意識したコンテンツなら、なおさら◎

ジャンルを設定するときは「ブルーオーシャンを狙うべき」と話してきましたが、私自身、ファッションからアニメをテーマにしたコンテンツ作りにシフトしてから80万人もフォロワーさんが増えました。そのほとんどが海外の方です。フォロワーさんを増やすなら、日本だけでなく、**世界のユーザーを取り込むことも視野に入れること**。この円安&インバウンド時代を勝ち抜くためには、海外のユーザーを味方につけることは必要不可欠です。では、海外ウケを狙ったコンテンツを少し一緒に考えてみましょう。

例えば、「駄菓子」はどうでしょうか？ 私たちにとっては小さな頃から見慣れたものですが、安価でバリエーションも豊富。パッケージにも漫画のよ

※ハッシュタグの検索件数は2023年2月現在の情報です。

うなイラストが描かれているなどアイキャッチングなものばかりで、海外からの観光客のお土産としても人気です。価格が安いため、Instagramで企画を実行するときも挑戦しやすいはず（例500円で駄菓子をどれくらい買えるかなど）。

日本語で「#駄菓子」といったハッシュタグもいいですが、海外の人にアプローチするなら「#dagashi」もしくは、「#japanesesnacks」などと英語でハッシュタグを付けることが必須になります。

クレーンゲームも海外ユーザーの興味をひくかもしれません。クレーンゲームの商品には、アニメやゲームのキャラクターをグッズ化したものがたくさんあり、非売品も多いため大きな需要があります。海外の人にとってはバラエティ豊かな日本のクレーンゲーム自体が新鮮でしょうし、人気の景品を発信するアカウントは注目される可能性があります。発信するときは「＃clawmachine」と英語でハッシュタグを付けてみましょう。

また日本では「**カプセルトイ**」も人気ですよね。種類も豊富で、キャラクターそれぞれのファンもついているため、国内外から興味を持ってもらえるかもしれません。

お手本となる人をリサーチする

アカウント運用の秘訣は、とにかくお手本を見つけること。むやみやたらに運用しても、フォロワーさんは増えてくれません。まずはお手本を見つけることで、オリジナリティのヒントにもなるのです。私自身、いろいろなアカウントを参考にしてきました。「誰かのマネをするなんて……」と思うこともありましたが、突出した才能もないので、上手な人のマネをする方が伸びると理解していたのです。

お手本の見つけ方にはいくつかありますが、例えば、発見タブを開いて、**リールの再生回数が多い人を見つけてみる**のもいいでしょう。もしかすると動画の構成や編集方法、音源のセレクトにポイントがあるかもしれません。

また、プロフィール画面をチェックして、そのアカウントがフォローしている数が極端に少なければ、十分な人気が確立されている可能性があります。アイコンの画像選びやプロフィールグリッドの世界観、ハイライトのまとめ方などきっと参考になる要素がたくさんあるはずです。そのようなアカウントをたくさん見つけて、自分のアカウントでも実践していくのです。

ちなみに、プロフィール画面にある「」マークをタップすると、そのアカウントと何かしら関連性のある別のアカウントがおすすめとして表示されます。それらもまたお手本にするべき優良アカウントであることが多いので、ぜひチェックしてください。

おすすめユーザーをチェックすることがお手本探しの近道

例えばカフェのアカウントの「+👤」マークをタップすると、カフェに関連するおすすめのアカウントが表示されます。もしあなたがカフェのアカウントを開設したい場合、このようにしてお手本を探すことができます。フォロワーさんの数が多いアカウントは優良であることが多いので、ぜひチェックしましょう。

※私のアカウントを見本にするのが一番分かりやすいのですが、おすすめに表示されるのが著名な方が多いので掲載を控えました。

発信する内容は「安全・安心」を心がける

テーマ選びでは「個」と「未開拓ジャンル」と「海外ウケ」がポイントだとお話してきましたが、もうひとつ忘れてはいけないのが「安全・安心」です。フォロワーさんの数が多くても、法律に違反していたり、社会や人に対してモラルのない発信をしている人に影響を受けるのはやめましょう。不適切な発信は、炎上を引き起こす可能性があります。いったん炎上が発生してしまうと収めることは容易ではなく、イメージダウンにもつながりかねません。

SNSを運用していく上で、個人でも企業でも「リスク回避」はとても重要です。まず気をつけたいのが「時勢に敏感になること」。例えばテロや災害があった際には、普段なら問題のない内容でも、倫理的に良くないと捉えられる場合もあります。

「触れない方がいい話題」を心得ることも大切です。人によって思想や立場が違う話題は、議論を巻き起こす原因となるため、扱いには注意が必要です。特に企業アカウントの場合、**政治や宗教、経済格差・地域格差などのセンシティブな問題、性差別やセクシャリティ**にまつわることに対して、偏った意見や情報を発信することは非常に危険です。

近年はフェイクニュースやデマなど、信憑性の疑わしい情報もSNS上にあふれています。そういった情報に信頼性があるか、公式の情報かなどをきちんと確認し、出所が怪しいものに関しては言及しないようにしましょう。

また、何か商品やサービスを提供する場合、安全性をアピールすることは宣伝広告として有効です。食に関することなら「無添加」や「オーガニック」、美容系なら「肌に優しい」などをビジュアル化すると消費者の心をつかむことができますが、くれぐれも**過剰な表現は避ける**ように気をつけましょう。

D's column 03

見た目で覚えてもらいやすいポイントを作る

個人でInstagramを運用していく場合、発信するテーマやカテゴリ選びのほかに「覚えてもらいやすい見た目にする」ということも大切です。なぜなら、発見タブなどで「見つけてもらう」ことと「覚えてもらう」ことは別だからです。覚えてもらうためには、例えば「印象的なメガネ」や「○○色のネクタイ」など、特徴となるアイテムを常に身に着けるのがいいでしょう。私の場合は「白髪」です。自分の写真をInstagramにシェアするようになってからずっと白髪をキープしてきたことで、D＝白髪というイメージを定着させることができました。アイコン写真でもパッと見で判別してもらうことができます。白髪についてのコメントもたくさんいただくようになったので、さらに「白髪を目立たせるためにどうしたらいいか」と考えて、「黒いシンプルな洋服が一番映える」という答えに行き着きました。今では黒い服も私のトレードマークになっています。

chapter

04

実践編

フォロワー転換率が上がるプロフィールの作り方

発信するテーマが決まったら、いよいよアカウントを開設します。プロフィールの作り方次第でアカウントの「発見されやすさ」と、「フォローしてもらえるか」に違いが出ます。5つの要素をおさえて、フォロワー転換率（次ページで解説）の高いプロフィールを作りましょう。

プロフィール作りで大切な5つの要素

Instagramのプロフィールは、いわば名刺のようなもの。プロフィールを見たユーザーは、そのアカウントのアイコンや自己紹介文を見て興味を持たなければフォローしてくれません。

アカウント運用でチェックしたいポイントに「フォロワー転換率」があります。フォロワー転換率とはプロフィールを見た人に対するフォロワー増加数の割合のこと。フォロワー転換率は後述するインサイトで見られる「フォロワー増加数÷プロフィールアクセス数×100」で出すことができます。一般的にフォロワー転換率が6～8％だと良いアカウントだといわれています。

次ページから、プロフィール作りで大切にしたい5つの要素を解説します。

※このプロフィールは実際のものとは異なります。

① アイコン

小さく表示されても分かりやすいシンプルなデザインや写真が◎。

② ユーザーネーム（30文字以内）

使えるのは英数字と「.」「_」のみ。すでにInstagram内に存在するユーザーネームは使用できない。

③ 名前（64文字以内）

日本語も使用可。ブランド名や商品、発信内容について記載してもOK。

④ 自己紹介（150文字以内）

ブランディングに合わせて、発信しているテーマなどを完結にまとめる。

⑤ リンク

一番大切なウェブサイトやECサイトのリンクを貼る。

1 アイコン

アイコンはアカウントの顔ともいえるかなり重要な部分。アイコンでアカウントを認識しているユーザーも多いといわれています。自分のアカウントをしっかり覚えてもらうためにも、オリジナリティのあるアイコンを設定するようにしましょう。

アイコンは小さく表示されるものなので、シンプルなデザインにしたり、余白を適度につくったりするなど、視認性の高いものがおすすめです。

ちなみに現在の私のアイコンは左ページに挙げたものではなく、顔があまり分からない、雰囲気重視の写真です。自分の写真をたくさんシェアするようになってからは、髪の色（＝白髪）だけで認識してもらえるようになったので、アイコン写真はアカウントの世界観を演出できるものを選んでいます。

アイコン例

OK

人物をアイコンにするなら小さく表示されても分かるように、シンプルな背景で上半身のものが望ましいです。

オリジナリティのあるキャラクターも◎。背景に特徴的な色をつけると、シンプルなデザインでも判別しやすい。

NG

あまり大きく表示されないため、複数名で撮ったものも避けましょう。どれが本人なのかも伝わりません。

後ろ姿の写真も印象に残らないためNGです。顔出ししたくない場合は、イラストにするという手もあります。

2 ユーザーネーム（30文字以内）

ユーザーネームは、半角英数字とピリオド、アンダーバーのみ使用できます。

ユーザーネームを設定するときは、次の3つを覚えておきましょう。

①「検索しやすい名前であること」

②「検索されやすいワードを入れること」

③「ひと目でどんなアカウントか分かること」

①ユーザーにとって、検索しやすい名前にするべきです。アンダーバーをたくさん入れたり、スペルが分かりにくいと検索が面倒になるので、できるだけ短いものが適しています。

②検索されやすいワード、例えば「shibuya」などの地名を入れるのもおすす

めです。「shibuya」を検索する人の目に留まる可能性があります。③そのアカウントの特徴を示す名前にしましょう。例えば私のユーザーネームは「@d_japanese」。「Dという日本人」ということがひと目で分かり、いいね!をすれば海外のユーザーにも印象づけることができます。

3 名前(64文字以内)

アイコンのすぐ下に表示される活動名のことで、カタカナや漢字も使用できます。個人アカウントなら自分の名前、企業アカウントなら社名やブランド名を端的に入れましょう。仮にInstagram上に、同じ名前が存在していても登録可能です。ただし、ここでも忘れてはいけないのが「覚えてもらいやすいこと」と「検索されやすいワードを入れること」。自身の職業や発信しているキーワードなどを入れると、より多くの人に発見してもらいやすくなります。

4 自己紹介（150文字以内）

自己紹介文は150文字までの制限があるので、文章を読ませるというよりも、視覚的に伝わるように工夫することが大切です。名前のすぐ下に表示される一文目には、ユーザーの興味をひくようなキャッチコピーやワードを入れるのもおすすめです。例えば、建築士なら「一級建築士」や、飲食店なら「オーダーから3分でお届け」「有機野菜のみ使用」などです。

自己紹介にはほとんど情報を記載しないパターンと、発信内容を記載するパターンがあります。アーティストや顔出しをしていない人、クリエイティブに特化したい人などは前者、共感を得たい人や情報発信型は後者を選ぶといいでしょう。また、記載する内容は数年前のものではなく、できるだけ近況を更新するよう心がけてください。

5 リンク

Instagramは投稿のキャプション欄にリンクを貼っても飛ばすことができず、主にプロフィール欄とストーリーズ内に貼ることができます。

自分のアカウントを象徴するURL（企業アカウントなら、自社のオウンドメディアやECサイトなど）をここに記すことで、プロフィールを見たユーザーがアクセスしやすくなります。個人アカウントで別のSNSのアカウントやブログなどを複数紹介したい場合は、『lit.link（リットリンク）』や『Pont（ポント）』というオリジナルのリンクまとめページを作成することも有効です。HPは世界観を演出できますが、コストを抑えて自分のことを知ってもらいたい場合は、こういったサービスを利用するのもおすすめです。

※著名人など一部のアカウントでプロフィールにURLを複数つけられるようになっています。

プロアカウントに切り替える理由

Instagramにはアカウントの種類がふたつあります。

・一般アカウント
・プロアカウント（ビジネスアカウント・クリエイターアカウント）

初期設定では一般アカウントが設定されていますが、プロアカウントに変更（切り替えは無料）するとインサイトが見られるようになります（インサイトについてはchapter 06参照）。各コンテンツのコンバージョンや、フォロワーの内訳などが確認できるようになるため、アカウントの成長に欠かせません。

企業運用なら、ビジネスアカウントに変更することでショップの開設ができます。また、プロフィールに住所、電話番号、メールアドレスを登録できるため、コメントやDMを介せず、ユーザーが気軽にコンタクトを取れるようになります。

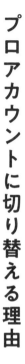

切り替え無料で便利な機能を利用できる

「プロフェッショナルダッシュボード」からインサイトの確認ができるようになり、「連絡する」から電話やメールの送信が可能になります。

プロフィール編集画面下部の「プロアカウントに切り替える」から変更。

D's column 04

プロフィールはブランディングに合わせて進化させる

プロフィールの自己紹介部分には今でこそ自分のウェブサイトのアドレスと「From Japan to your country. I would love to meet you in your country someday.」などを記載していますが、これまでには何度もアップデートを重ねてきました。例えば世界中の人に自分をアピールするために、年齢は「26 years old」とは書かずに、「same age V.」と同い年である韓国の有名アーティストの名前を挙げたり、「same age @gigihadid & @pokemon」としていたこともあります。海外の多くの人が知っているモデルや、人気キャラクターを選ぶことで、ただ年齢を伝えるよりも多くの人に印象づけられるからです。アイコン写真も幾度となく変えてきました。ここでお伝えしたいのは、プロフィールは一度作ったら終わりではないということ。トレンドを取り入れたり、自分のステージやブランディングに合わせて進化させていくことが重要です。

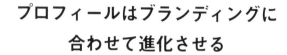

chapter

05

実践編

フォロワーさんが増える4つの発信方法

アカウントの開設が完了したら、早速発信を始めていきましょう。Instagramには4つの発信方法があり、期待できる効果が種類ごとに異なります。やみくもにシェアするのではなく、それぞれの特徴を理解して、効果的に使い分けましょう。ユーザーの心に響く発信を重ねれば、あなたのアカウントは着実にフォロワーさんの数を増やせるはず。

4つの発信方法を活用し、より効果的な訴求を図る

Instagramの発信方法は写真がメインだと思われていますが、現在は、動画やライブ配信を含めた4つの種類があります。それぞれの特徴を理解し、有益な情報のまとめ方やコミュニケーション方法を学んで、多角的な視点から、ユーザーの心をしっかりとつかむようにしましょう。

次のページには基本の発信方法である投稿、リール、ストーリーズ、ライブ機能について使い方やメリットをまとめています。

すべての発信方法を最初から使いこなすことは難しいですが、ポイントを押さえて使うことで感覚をつかんでいくはずです。ぜひ意欲的にトライしてみてくださいね。

Instagramの4つの発信方法

❶ 投稿

1投稿につき、写真・動画合わせて10枚までアップ可能。アカウントの世界観や得意分野をユーザーに示す重要な役割を担っているため、内容は丁寧に作るのが望ましい。キャプションには、2,200文字までの長文を載せられる。

❷ リール

短尺動画を作成・シェアできる機能。文字入れやスタンプなど編集画面が充実しており、音源や動画のエフェクトを選んだりもできる。テンプレート機能を使って、手軽に発信することも可能。

❸ ストーリーズ

発信後24時間で消えるため、気軽にシェアできるのが魅力。テーマごとにハイライトにまとめることで、どんなアカウントなのかをより詳しくアピールすることもできる。

❹ ライブ

ユーザーとリアルタイムで交流できる配信機能。密接な距離感でコアなファンを増やしやすく、企業アカウントは商品の魅力をリアルに近い形で伝えられるメリットがある。

1 投稿

計画的に積み重ねた投稿で世界観をつくり上げる

「投稿」はInstagramの中で最もスタンダードな発信方法で、ひとつの投稿に1〜10枚の写真や動画をアップすることができます。「フィード投稿」と呼ばれる場合もありますが、本書ではアプリ内の表記に倣って「投稿」と呼称します。

たくさんのいいね！やコメント、保存などで**エンゲージメント**（ユーザーからの反応（P186参照）が高まり、発見タブに載った場合は、より多くのリーチが期待できます。発信された投稿はプロフィール画面に羅列されていくため、どんなアカウントなのかをひと目で判断する材料にもなります。そのため、プロフィールグリッドの世界観や統一感は非常に重要です。

では、魅力的な世界観をつくる投稿の方法を見ていきましょう。

投稿のポイント

❶ １枚目の画像で９割決まる！

フィードや発見タブに表示される際、投稿画像の１枚目が表示されます。インパクトのあるビジュアルなら、ユーザーは投稿をタップし、中身をしっかり見てくれます。グルメの画像ならおいしそうに見える色味の調節や、被写体のリアリティ、レイアウトにこだわるなど、１枚目でユーザーの心をつかむように意識してください。

OK

光の当たり具合や明るさ、色味などでシズル感を演出している。

NG

パッと見て何が写っているのか分かりづらく、おいしそうに見えない。

投稿のポイント

❷ プロフィールグリッドの並びを意識する

先に述べたとおり、羅列されたコンテンツが魅力的なら、ユーザーの目にはアカウント自体が興味の対象となり、フォローに至るきっかけになります。自分のプロフィールグリッド全体を眺めてみて、色味や構図がバラバラで整っていないようなら要注意。もしかすると、これだけでフォローをしてもらえるチャンスを逃しているかもしれません。

アップする写真はあらかじめ露出や彩度、コントラストなどを整えて統一感を持たせるようにしておきましょう。また一覧を徹底的にデザインしたいなら、『UNUM』などのアプリを使ってコンテンツの並びを検討しておくのもおすすめです。縦と横3枚ずつ、計9枚ほどのバランスを意識することで、より統一感がアップします。

切り抜きを活用して雑誌のように見せる

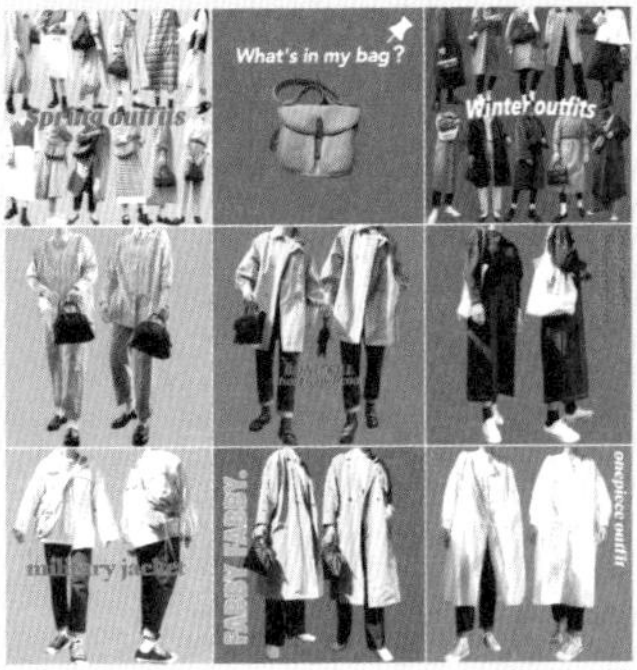

@c__zu22

iPhoneの機能で被写体を切り抜くため、撮影場所の影響を受けません。

固定アングルで統一感を演出

@zunco33333

すべて同じ構図と背景にそろえることで、全体にまとまりがでます。

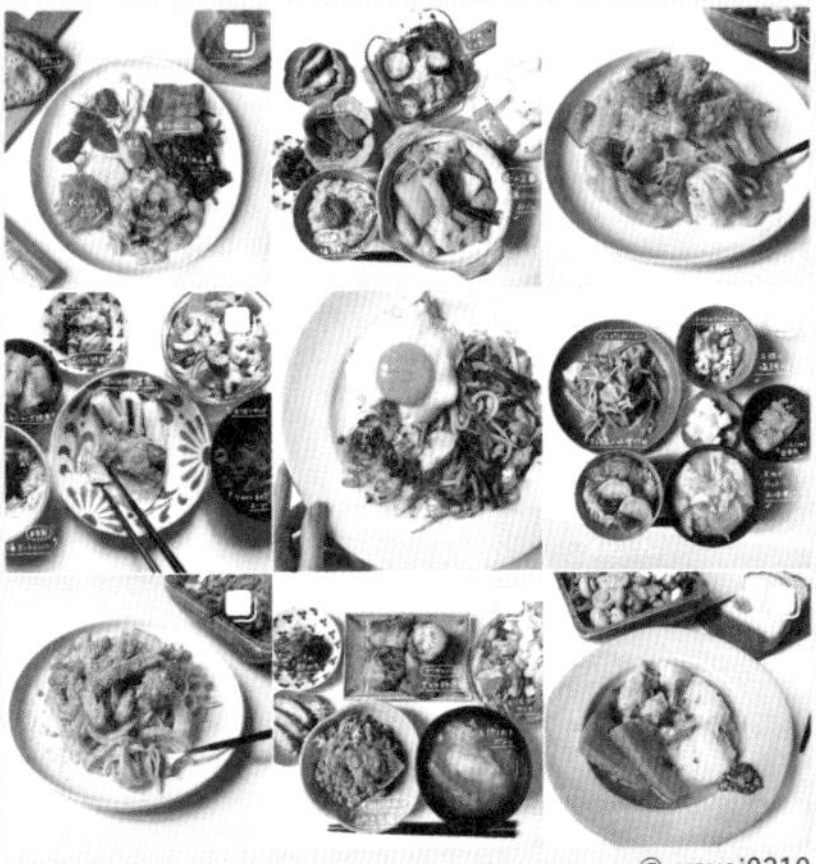

@_yayoi0310

寄りと引きで料理を目立たせる

お皿や器の数によって寄りと引きでバランス良く並べています。

投稿のポイント

❸ 引きで撮影してスクエアに収める

プロフィールグリッドでは投稿はすべて1：1のスクエアで表示されます。ほかの比率で撮影した写真や動画もアップできますが、あらかじめ被写体をセンターに配置して余白を広めに撮影しておくことでスクエア表示された時に被写体が見切れてしまうことを防ぐことができます。特に、縦位置で撮れば、リール動画やストーリーズにも使いやすく、トリミングのバランスが取りやすいのでおすすめです。

特別な撮影機材は必要なし！ スマホで十分

「インスタ映えする写真を撮るには、良いカメラが必要」……そう考えている人も多いのではないでしょうか？ 私もファッションをテーマにしていた頃には、70万円もするライカのカメラを使用していました。ところがイタリアで旅行中に盗まれてしまったので、仕方なくスマホを使ってみたところ、転送の手間が省けてすぐに編集もでき、アップまでを一台で完結できる！……このワンストップの便利さにハマってしまいました。

それ以来、私の仕事道具はiPhone1台です。最新のiPhoneはレンズも進化し、色の再現や背景のボケ味などもデジタル一眼レフにひけをとらない性能を搭載しています。iPhone13 Pro以降は、オートフォーカス機能を搭載した超広角カメラで、よりプロっぽい写真を撮ることができるのでおすすめです。しかし最近はiPhoneよりもうまく撮れるスマホが登場したので買い替えも検討しています。

スマホでの撮影方法や、加工の仕方などを発信している人もたくさんいるので、YouTubeやInstagramを見て勉強してみるのもいいでしょう。

自分で撮影する写真はiPhoneを使用していますが、自分のポートレートやフィギュアなどの写真は、写真家の延 秀隆さんにお願いすることもあります。ほかとの差別化を図るために写し込む背景にもこだわっていて、撮影のためにわざわざ郊外へ遠出することもあります。アカウントの魅力をアップさせるために、プロの力を借りるというものひとつの手です。

企業アカウントなどで撮影する対象が商品の場合、ブランディングや顧客ターゲット、使用シーンなどを踏まえて、商品の魅力が引き立つような撮影の仕方を意識しましょう。

ポートレートの例

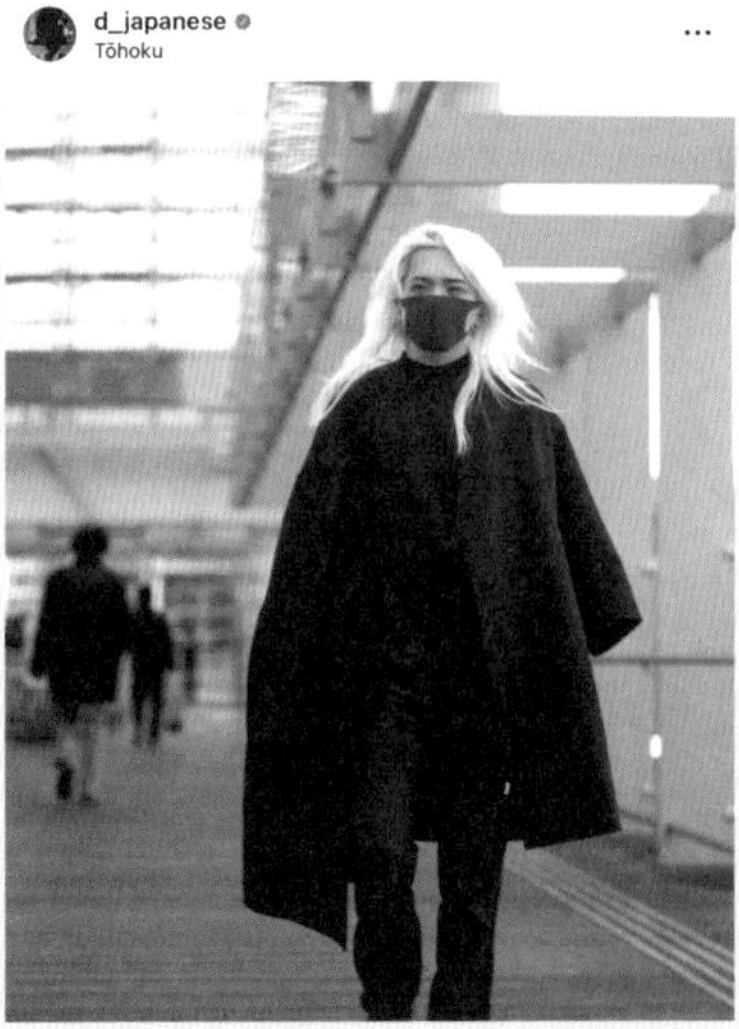

通行人に撮ってもらったり、セルフィーで撮っていた時もありましたが、魅力を伝えるには不十分と感じることが多かったです。しかし、絵にできる写真家と撮影を行ったことで、フォロワーさんやクライアントの評価も上がりました。想像以上の成果でした。

投稿に追加できる機能をフル活用する

キャプション欄には、投稿内容の補足説明やハッシュタグなどを書き加えることができます。投稿ごとに文章を考えるのが苦手な人は、過去のテキストを流用することで、一から始める必要がなくなります。

1 タグ付け

作成したコンテンツに関連するアカウントを紐付けることを「タグ付け」と呼びます。タグをタップすることで紐付けたアカウントのプロフィール画面に移動し、**そのアカウントを紹介することができる機能**です。

投稿に追加できる機能

アップ後

投稿作成時

2 商品をタグ付け

Instagramのショッピング機能と連携されているECサイト上のアイテムを投稿と紐付けることもできます。使用シーンを想起させる投稿に商品をタグ付けすることで、ユーザーはより直感的に商品ページを閲覧できるようになり、購買の促進につながります。

3 リマインダーを追加

投稿にタグ付けされたイベントの開催時期に合わせて、ユーザーに通知を送る機能が「リマインダー」です。ライブや新商品の発売や、キャンペーンの開始などさまざまなイベントに活用することができ、潜在顧客やファンを取り込むことができるメリットがあります。

4 場所を追加

投稿にお店や場所などの位置情報を追加することができます。位置情報を追加することで、ほかのユーザーの新たな投稿を見ることもでき、またその場所をお気に入りスポットとして保存しておくことも。投稿を見たユーザーは、いつか行ってみたい場所をメモする感覚でストックしていくことが可能です。

5 音楽を追加

投稿では写真が1枚シェアされる場合のみ、音楽を追加することができます。おすすめ表示される人気のものや、発見タブに表示されている投稿に使われているものがいいでしょう。企業アカウントの場合は、BGM系でも◎。

英語発信で海外アカウントの共感を得る

私が実践してみてエンゲージメントが高まったと感じるのが「多言語発信」。今やInstagramのキャプション欄には、翻訳機能がついていて、どんな言語で書いても、「翻訳を見る」をタップすることで自動翻訳してくれます。

ただし、私がInstagramを始めた当時は、翻訳機能がなかったため、英語はもちろん、スペイン語や、中国語、ポルトガル語など複数の言語をGoogle翻訳で訳してアップしていました。

キャプション欄を見たユーザーに「自分の国の言葉が入っている」と気づいてもらうだけで、コメントやいいね!、フォローなどのリアクションのハードルはグッと下がります。現在も海外のフォロワーさんに伝わるように英文メインでシェアしています。

過去

d_japanese
Japan

いいね！: 他

d_japanese I get up at 5 am and go to the beach. early morning. haha. WhenI say good morning for yours with sea.Because I had stress about Covid-19. But thank you for all the encouragement That befor post.
And take care yourself.
After this I drank coffee and played on the beach. Finally campfire.

[Japanese]
夜明けのビーナスラインと
冷えた空気感がよかった話
今日のまんぼうで色々大変
でした。
自分以外でも、
周りの経営者や犬猫保護団体
さんも大変で、正直、、不安
とストレスがかかってて.....。
そんな中、たった1日だけども
海や自然の中で過ごせたことで
生気が回復し、前向きになれた
んですよね。
アニメ、ゲーム、漫画、読書は
好きだけども、それでは得れない
体験をすることが出来て、
本当 周りに感謝。
あとね、朝日と海見たあとの珈琲
格別よ。うますぎる。
こちらの珈琲を頂きながら、
たまごサンドをその場で焼いて
作ってくれました。
美味しかったな〜。
暖かかったな〜〜。
この重い腰をあげるのは
大変だったけど行けてよかった。
最近 大変な方とか気落ちしてる方
自然との対話、個人的にオススメです。

[Bahasa Indonesia]
Saya bangun jam 5 pagi dan pergi ke laut. pagi. ha ha.
Ketika saya mengucapkan selamat pagi untuk Anda dengan laut, karena saya stres tentang Covid-19. Tapi terima kasih untuk semua dorongan itu sebelum posting.
Dan jaga dirimu.
Setelah ini saya minum kopi dan bermain di pantai. Akhirnya api unggun.

[हिंदी]
मैं सुबह 5 बजे उठता हूं और समुद्र में जाता हूं। बहुत सवेरे। हाहा। जब मैं समुद्र के

現在

d_japanese
ちゅらうみ水族館

いいね！: shibuya.nyanco、他

d_japanese I like the Aquarium. How about you?
Churaumi Aquarium .
Churaumi Aquarium is well known for its whale sharks and reef manta rays that swim in one of the largest aquariums in the world

コメント570件をすべて見る

Aquariums are very cool!

8月9日 · 翻訳を見る

翻訳機能ができたので、
英文だけになりました。

世界中へ向けて、何カ国
語にも翻訳していました。
多い時は20カ国語も！

❷ リール

フォロワーさん以外のユーザーにリーチできる

近年、盛んにシェアされるようになったリール。リール作成画面から新規で撮影したり、これまでに撮影したアルバム内のビデオや写真を組み合わせて作成します。早送りやスロー再生、BGMやエフェクトなどの編集機能が備わっているのが特徴です。

リールはリールタブや発見タブ、フィード、発信者のプロフィール画面やストーリーなどで表示されます。中でもリールタブや発見タブではフォローしていないアカウントのリールや、世界中で話題になっているリールが表示されるため、フォロワーさん以外の目に留まるチャンスです。では、これらの場所でおすすめ表示されるには何を意識したらいいでしょうか。

リールタブと発見タブに載れば多くの人に見てもらえるチャンス

リールタブ

リール動画だけが表示されます。縦スワイプで、次々とおすすめされたほかのリールを閲覧することができます。

発見タブ

投稿の２マス分を使って表示され、動きがあるため多くの人の目に留まりやすいのがポイントです。

バズるリールのポイント

❶ 縦型のフルスクリーンで撮影する

意外と知られていませんが、おすすめに表示されやすい動画コンテンツは横型ではなく、黒帯のない縦型（9：16）です。また、テキストで画面が埋め尽くされていないものが好まれるとMeta社から発表されています。

バズるリールのポイント

❷ 再利用だと分かるコンテンツは避ける

例えばTikTokなど、ほかのSNSですでにアップされた動画をシェアするとロゴや透かしが表示されますが、そうしたロゴや透かしが入った動画はInstagramがおすすめを選ぶ際に低評価の要因になります。

バズるリールのポイント

❸ 冒頭で引き込み、興味を持続させる

ユーザーの興味を引くのは最初の3秒が肝心です。最後まで見たくなるようなワクワクするキャッチコピーでひきつけましょう。例えば、「衝撃のビフォー・アフター」や「閲覧注意」といったコピーがついていれば、ユーザーは展開が予想できないため、最後まで見たくなるはず。視聴時間の長いリールは、エンゲージメントが高いと認識されます。

また、視聴者を驚かせるような展開はコメント欄でもリアクションを得やすく、さらにエンゲージメントが高くなる可能性を秘めています。

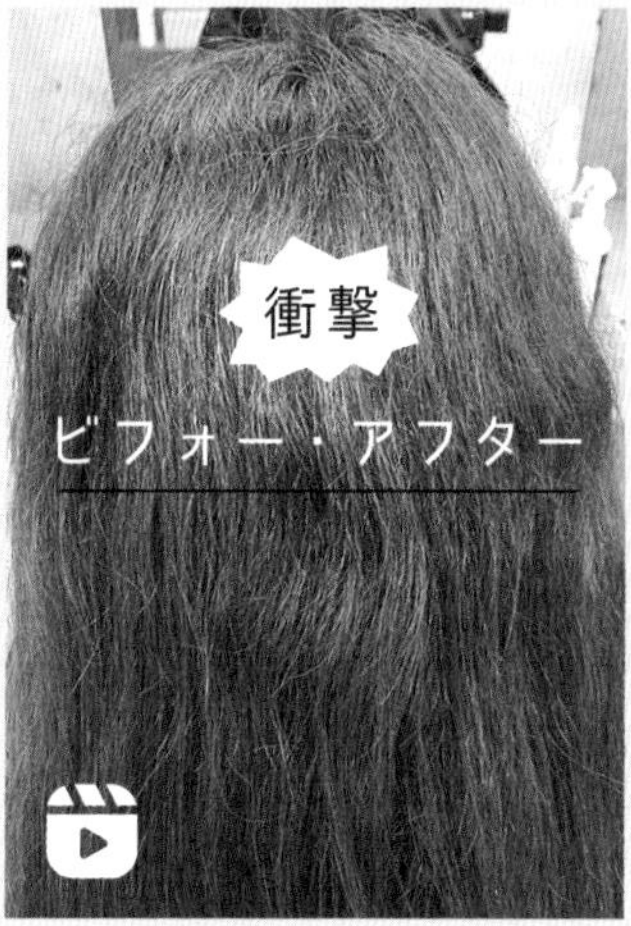

バズるリールのポイント

❹ キーワードとハッシュタグを入れる

リールにも写真と同じようにキーワードやハッシュタグを付けることができます。これにより見つけてもらいやすくなりますが、アルゴリズムにマッチさせるためにはコメント欄ではなく必ず「キャプション」に含むことが重要です。

バズるリールのポイント

❺ 保存したくなるものにする

リールを保存されるとエンゲージメントが上がります。何度も見返したくなるような役に立つ情報や思わず保存したくなるほどのクオリティの高さで作ることを意識すれば、人気のリールになれる可能性がアップします。

保存されやすいリール例

@muji_global

いちごのケーキの作り方を紹介しているリール。レシピ紹介は写真よりも動画の方が圧倒的に分かりやすく、保存して後から見る人も多いです。また、パッケージを載せているので、商品を店舗で買う際にも便利です。

@hyororii_69

何気ない日常を切り取ったVlogは、美しい景色やおしゃれなカフェ、ファッションのコーディネートなど参考になるもので構成されていると保存が期待できます。

バズるリールのポイント

❻ トレンドのBGMを選ぶ

リールではBGMを設定できます。流行りの音源を設定することで、見てくれる人が増え、エンゲージメントがアップします。トレンドの音源には、タイトルの下に「↗」がついているので意識して選ぶといいでしょう。

バズるリールのポイント

❼ テンポのいい構成にする

人気のリールの共通点として、早送りでテンポを良くしている点が挙げられます。アプリから撮影する場合だけでなく、既存の動画をアップする際にも速度の調整ができるので、テンポのいいリール作りを心がけましょう。

バズるリールのポイント

❽ テロップを入れる

電車の中では音声をOFFにして視聴するユーザーも多いため、文字を入れておくと最後まで飽きずに見てもらえる確率が上がります。テロップはInstagramの機能を使って作る方法と、別アプリで作る方法があります。

バズるリールのポイント

❾ 話題のトピックを取り入れる

リールは日々世界中で更新されるため、ユーザーは常に旬なものを求めています。例えば、流行りのスイーツに関するリールや、季節や時事的な内容を絡めたものはバズる可能性が高いといえます。

CTA画像を入れるとエンゲージメントが高まる

投稿でもいえることですが、エンゲージメントを高めるためにユーザーのリアクションを促すことが重要です。そのために、リールの最後にもCTA画像（コメントや保存などを促す画像）を入れましょう。キャプション内に文章で入れている人をよく見かけますが、それだけでは押しが弱いです。すべての人がキャプションを読んでくれるわけではないからです。それよりも、画像の中に文字を入れた方がユーザーの目に留まりやすく誘導しやすいはずです。カルーセル投稿なら最後の一枚に、リールなら動画の最後に入れると効果的です。

さらに、左ページの画像のような可愛らしいキャラクターを使うと、よりユーザーの心に働きかけることができるのでおすすめです。

キャラクターを使ったCTA画像の参考例

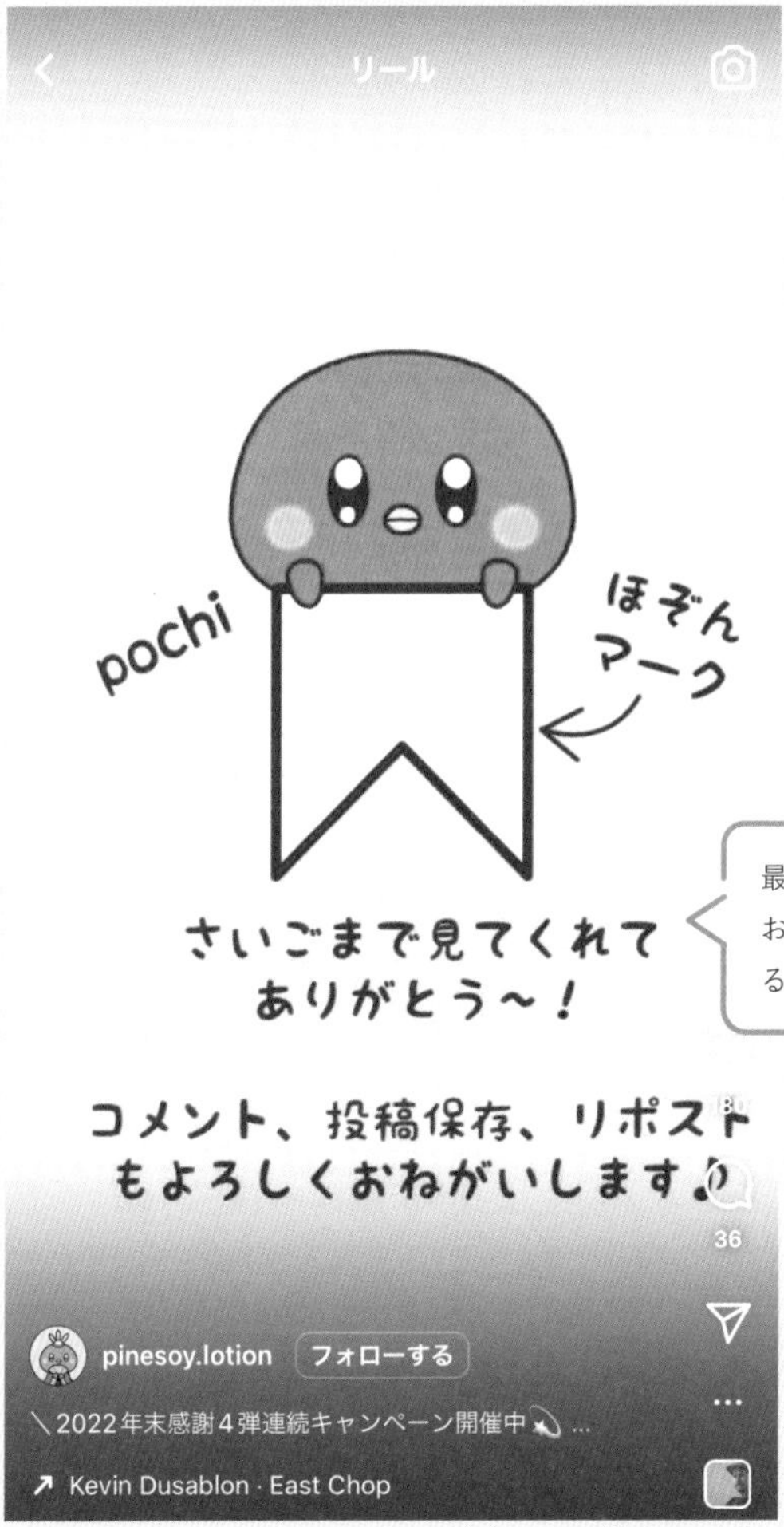

@ pinesoy.lotion

最後まで見てくれたお礼のひと言を入れるのも忘れずに！

テンプレートを使うと編集のハードルが下がる

カットやエフェクト、音源の編集などリールの作成は複雑で難しいという印象が強いと感じていませんか？　実は、ユーザーがアップした3つ以上の動画・写真で構成されている既存のリールは、テンプレート化されているため、それを使って編集経験がない人でも簡単に自分のリールを作ることができます。

リール作成時に「テンプレート」を選択したり、流れてきたリールに「テンプレートを使用」と表示されていればすぐに真似して作ることができるので、ピンとくるものを見つけたらトライしてみましょう。音源をタップすることで、お気に入りの音楽からリールを探すこともできます。

次のページからは、テンプレートを使ったリールの作成方法をご紹介します。

テンプレートを使ったリールの作り方

作成を始める

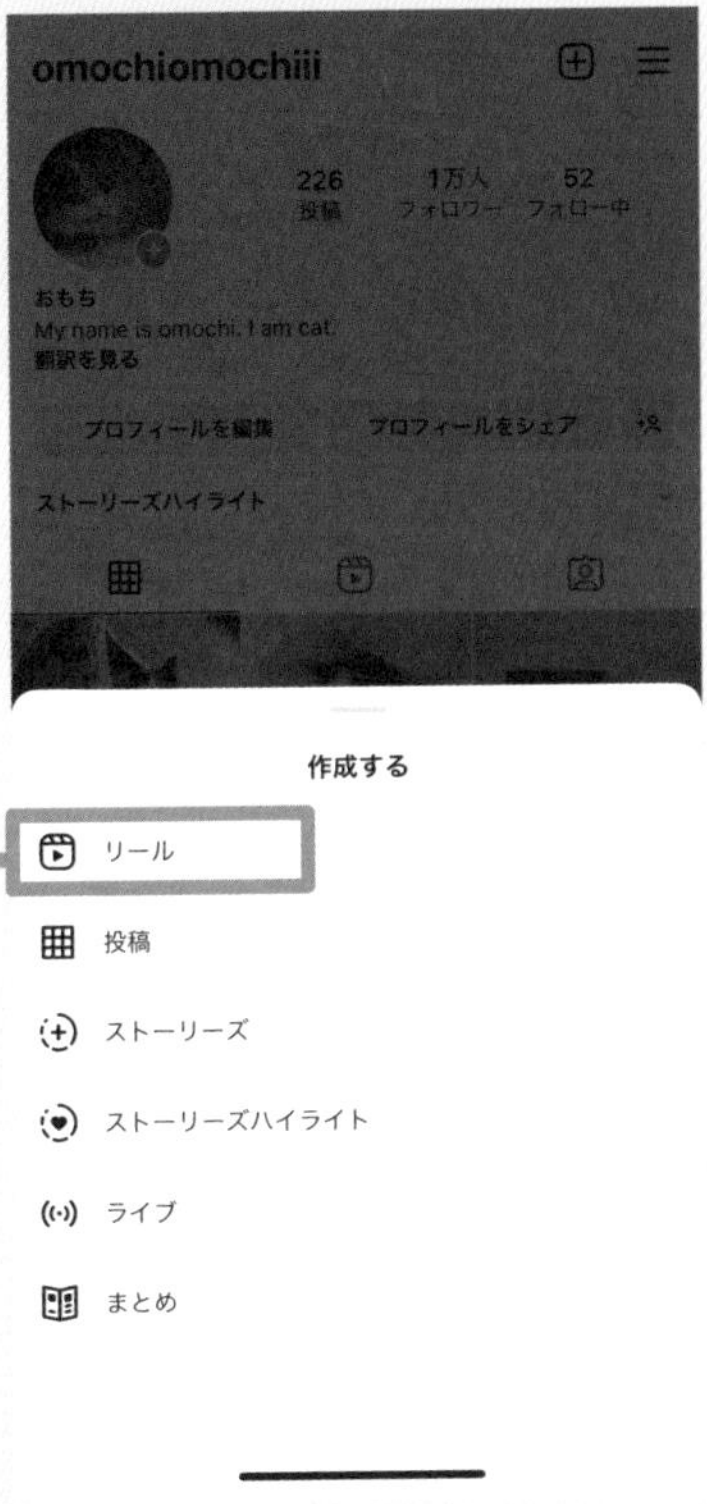

❶プロフィール画面右上の「＋」アイコンをタップし、「作成する」の一覧から「リール」を選択します。

テンプレートを選択

❷リール作成画面から「テンプレート」を選択し、作りたいテイストに合った音源やカット割り、エフェクトなどを選びます。

画像・動画を追加し、文字入れなど編集する

❸組み込みたい画像や動画を選択し、「次へ」をタップするとエフェクトやスタンプ、テキストを追加できます。

カバー画像の編集やタグ付け

❹カバー画像の編集やキャプションの追加を行い、必要であれば人物や商品のタグ付けなども設定し、「シェア」で完了です。

ハッシュタグは30個付けてリーチにつなげる

投稿やリールにハッシュタグを付けることで、Instagram上で情報を探しているユーザーのフックになります。ハッシュタグ検索を行うと、人気のコンテンツは検索結果の上位に表示されるようになるため、あなたの投稿やリールがフォロワーさん以外のユーザーの目にも届きやすくなるのです。

「ハッシュタグはたくさん付けない方がいい」という説もありますが、私は**上限数の30個まで付けた方がいいと考えています。**実際に3個付けたときと30個付けたときで、ハッシュタグからのリーチ数を検証したところ、その数に大きな差が出たからです。ただ、なんでも30個付ければ良いというわけではありません。選び方にポイントがあるので、次のページから解説していきます。

フォロワーさんの数に合わせて選ぶ

実際に気になるハッシュタグを検索して、それにまつわるコンテンツがどれくらい存在するのか、チェックしてみましょう。ハッシュタグの中でも、投稿数10万件以上のものはビッグワード、1万〜10万件のものはミドルワード、1万件未満のものはスモールワードと呼ばれています。ビッグワードのハッシュタグはユーザーからの注目度が高いといえますが、シェアする人も多いため、**あなたの投稿やリールが埋もれてしまう可能性があります。**そのため、Instagramを始めたばかりでフォロワー数が少ないうちは、ミドルワードやスモールワードのハッシュタグを多めに付けた方が、あなたのシェアしたコンテンツが上位に表示され、フォロワーさん以外の人にも発見してもらえるチャンスがあります。

関連するハッシュタグの投稿件数を調べる

アニメ・漫画のハッシュタグまとめメモ

ポケットモンスター #pokemon…3408万件

NARUTO #naruto…3316万件

ワンピース #onepiece…2386万件

進撃の巨人 #attackontitan…1405万件

ドラゴンボール #dragonball…1364万件

ポケモンGO #pokemongo…1341万件

僕のヒーローアカデミア #myheroacademia…1149万件

ドラゴンボールZ #dragonballz…1092万件

東京喰種 #tokyoghoul…923万件

ブリーチ #bleach…823万件

ワンパンマン #onepunchman 728万件

デスノート #deathnote…553万件

ソードアート・オンライン #swordartonline 434万件

日頃からアカウントで発信しているテーマに関連するキーワードを入力して調べてみましょう。私はアニメ・漫画関連のハッシュタグをリストアップして、スマホのメモにまとめています。こうするといつでも参照しやすくなるのでおすすめです。

ハッシュタグ検索画面

虫眼鏡マークの検索窓にキーワードを入れて、「タグ」をタップするとそのハッシュタグのコンテンツ数や関連するキーワードを確認できます。

※ハッシュタグの検索件数は2023年2月現在の情報です。

関連性のあるものを複数個付ける

ハッシュタグは投稿やリールの内容に関連したものを選ぶのが鉄則です。Instagramではユーザーが興味のあるコンテンツを見られるようにアルゴリズムが設定されています。ハッシュタグ検索の上位に表示されたり、発見タブでおすすめ表示されるためには、Instagramのアルゴリズムにどんな内容のコンテンツかを理解させやすくする必要があります。そのためには、投稿やリールの内容に関連したハッシュタグを複数個付けるのが効果的です。

内容と関係のないハッシュタグばかりを付けてしまうと検索結果に適切な情報が表示されず、ユーザーの不満にもつながります。それだけでなく、悪質なスパムと認識されて、リーチが伸びなくなる可能性もあるので選定には充分気をつけましょう。

ハッシュタグでアルゴリズムにコンテンツの内容を理解させやすくする

この投稿はトルコでの旅の様子を紹介しているので、トルコ関連のハッシュタグをメインに付けています。「#Turkey」や「#GoTürkiye」に加え、「#Istanbul」や「#GoMardin」などの地名もプラスしました。
ハッシュタグはコメント欄に入れても反映されるので、キャプションをスッキリ見せたいときはこのようにすると良いでしょう。

投稿をまとめてオリジナルなカタログを作る

まとめを使うと、投稿やリールを雑誌のようにまとめて公開できます。「場所」「商品」「投稿」の3パターンがあり、最も活用しやすいのが「投稿」です。自分や他人の投稿やリールを好きにまとめることができます。アルバム感覚で簡単にコンテンツを整理することができるので、企業アカウントだけでなく、個人で活用している人も多く見られます。「エリア別」「利用シチュエーション別」「ユーザーのお悩み別」など、さまざまな切り口で情報を整理しておくと、プロフィール画面に訪れたユーザーが求めている情報にアクセスしやすいため、フォローにつながる可能性も高まります。

読者の皆さんの中には、まだまとめを活用していないという人もいるかもしれません。意外と簡単にできるため、ぜひ始めてみましょう。

まとめ方がうまいと欲しいアイテムが見つかる

@nitori_official

大物家具から収納グッズまで、多くの商品を扱うニトリの公式アカウント。まとめ機能では、「リビング」や「洗面所・浴室」などのシチュエーション別に商品の投稿をまとめています。いくつかの商品を比較しながら見られるので、より購買意欲が膨らみます。

ピン留め機能で見てほしい投稿やリールを一番上に固定

ピン留め機能（プロフィールに固定）を使うと、プロフィールグリッドにお気に入りの投稿やリールを3つまで固定することができます。ピン留めするコンテンツは、ユーザーがあなたのアカウントをフォローしたくなるような魅力的なものがいいでしょう。例えば、これまでシェアしたものの中から、いいね！数やコメント数などユーザーからのリアクションが多かったもの、アカウントの持ち主の紹介や、企業アカウントなら人気商品をまとめた投稿をピン留めしてもいいかもしれません。これにより、自分のことをユーザーにより知ってもらいやすくなり、PR投稿であれば、効果の最大化が見込めるのです。

ちなみにピン留めは何度でもやり直せるので、情報が古くなったり、試してみて成果が上がらなかったら、ほかの投稿やリールに差し替えましょう。

その時々に見てもらいたいものを目立たせてアピールできる

※このプロフィール画面は現在のものとは異なります。

過去の投稿でお気に入りのものや、強くアピールしたいものを上部に固定することで、プロフィール画面を閲覧したユーザーの目に留まりやすくなります。ピン留めしたい投稿の右上にある「…」をタップし、「プロフィールに固定」を選択すれば完了です。

3 ストーリーズ

フォロワーさんとの関係をより親密にする

ストーリーズとは24時間で消えるコンテンツのこと。写真や動画をアップできたり、メンションされた他人のストーリーズをシェアしたりできます。ストーリーズの表示順は、独自のアルゴリズムによって異なり、普段から交流のあるアカウント（＝親密度が高いと見なされるアカウント）や、強い興味や関心があると認識されているアカウントが左から順に表示されます。

24時間限定で公開されるため投稿よりも気軽にでき、基本的にはフォローしてくれている人が見るものなので、制作風景やオフショットなどの裏側を見せるのもおすすめです。また、質問スタンプなどを使ってフォロワーさんとコミュニケーションを図ることもできるので、より親密度を高められます。

ホーム画面の一番上に並ぶため目につきやすい

ストーリーズのおすすめ活用法

❶ リンクを貼って外部サイトに誘導する

投稿のキャプションではURLは文字列として表示され、直接リンク先に飛ぶことはできません。一方、ストーリーズではリンクスタンプを使って、外部サイトに飛ばすURLを貼ることができます。

これにより、お店の予約受付ページや新商品紹介のLP（ランディングページ）などに顧客を誘導できるのです。そのストーリーズを見たユーザーはより直感的に外部サイトにアクセスでき、必要な情報まで端的にたどり着ける仕組みになっています。

ショッピング機能と連携しているアカウントなら、ストーリーズから商品をタグ付けするだけで、簡単にECサイトの商品ページまでリンクを貼ることもできます。

数少ない
リンクを貼れる機能

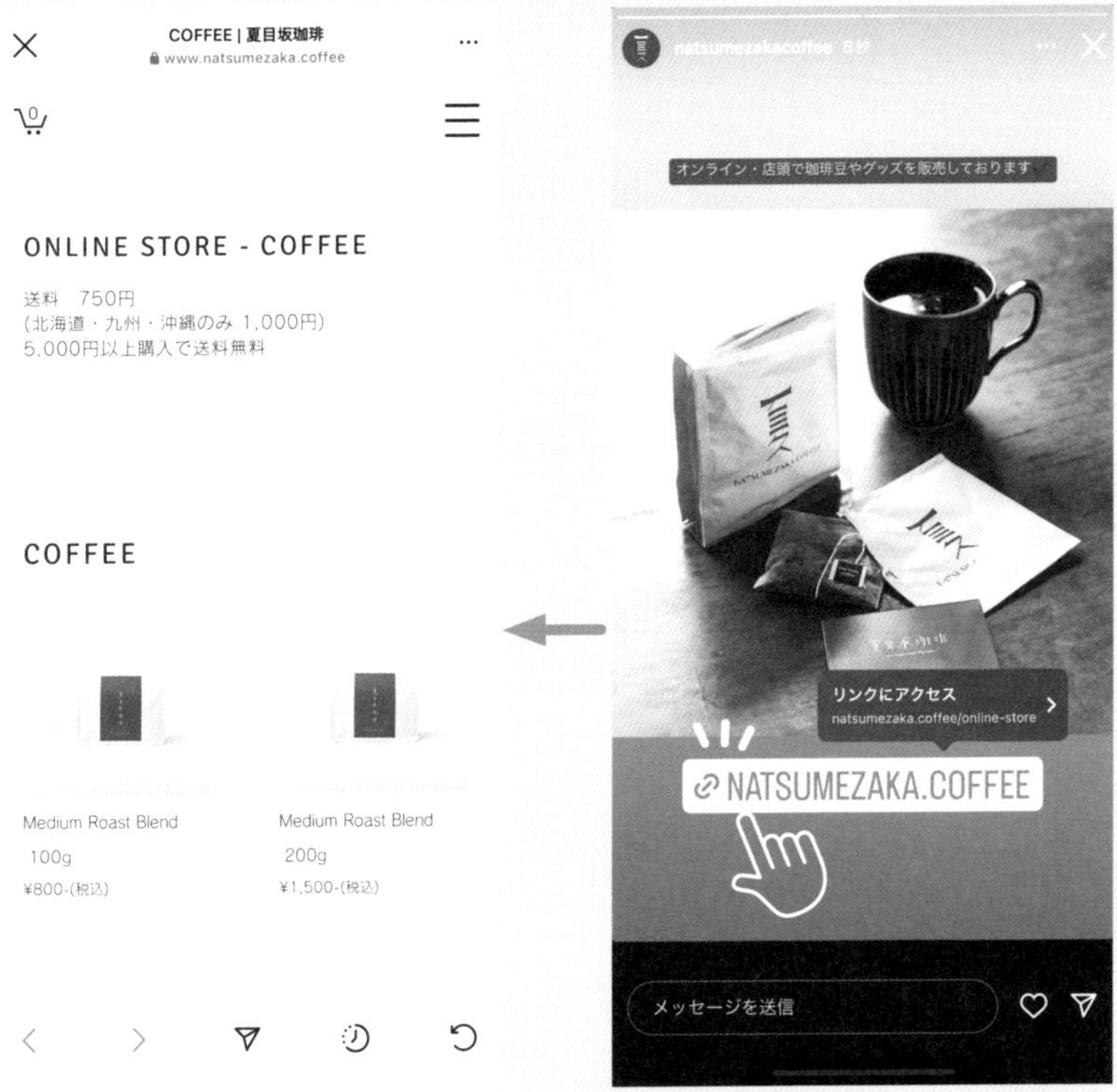

❷発信後、貼り付けたリンクスタンプをタップすると、追加したURLのページに飛ぶことができるようになります。

❶写真や動画を撮影または選択後、画面上部にある顔のマークのスタンプアイコンをタップし、「リンク」からURLを追加します。

❷ アンケートで交流を図り、エンゲージメントを高める

ストーリーズではアンケートや質問などのスタンプを使って、フォロワーさんとコミュニケーションをとることができます。特に、選択式のアンケートはフォロワーさんがワンタップで簡単に答えられるのでおすすめです。企業アカウントなら、どの商品が気になるかアンケートを取ったり、商品の具体的な活用方法をお題として投げかけ、意見を聞いたりできるのがメリットです。

フォロワーさんとコミュニケーションを重ねると、アカウントはエンゲージメントが高いものと見なされ、おすすめとして潜在フォロワーのフィードにも表示されやすくなったり、投稿やリールが発見タブに載る可能性が高まります。

うまく活用して積極的な交流を図りましょう。

スタンプで手軽に フォロワーさんと交流する

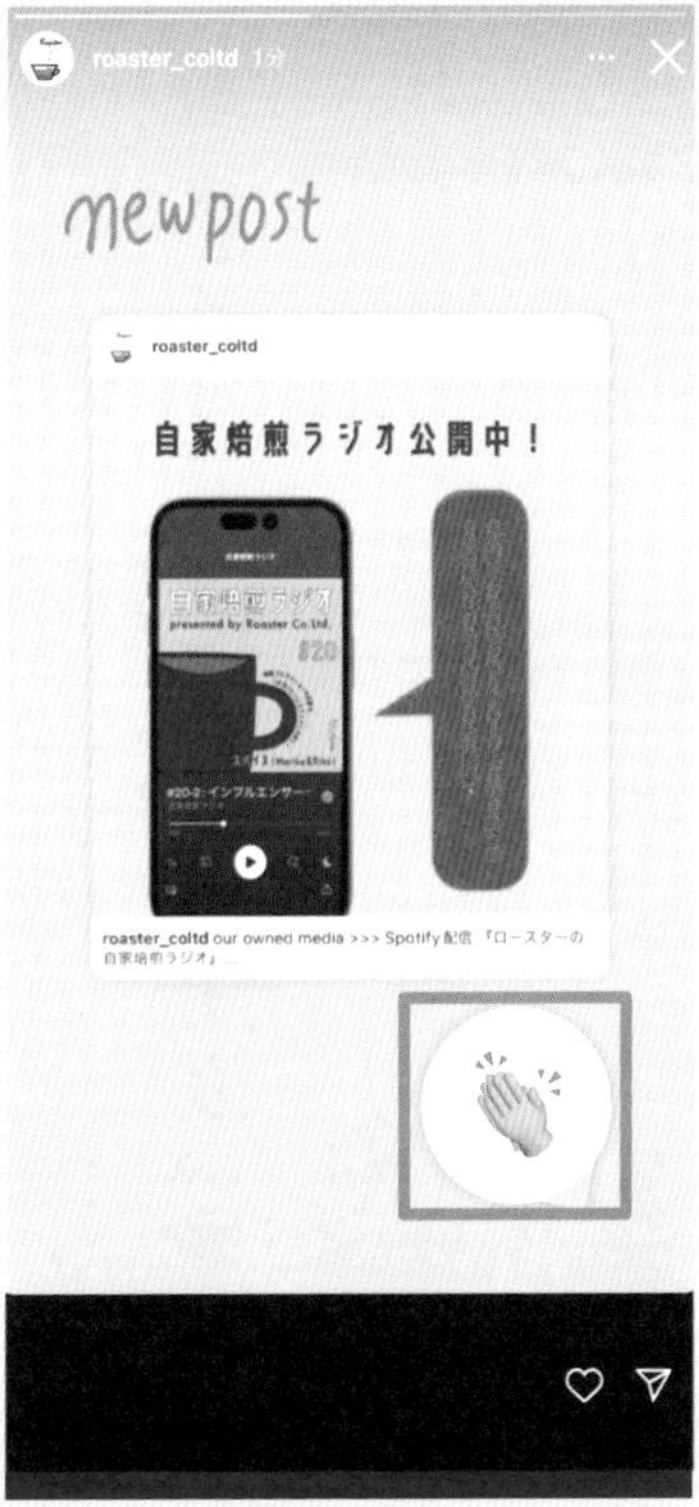

リアクションスタンプもワンタップでやりとりが可能です。

アンケートスタンプはワンタップで手軽に回答を促すことができます。

ストーリーズのおすすめ活用法

❸ メンションスタンプでお互いを宣伝

「@ユーザーネーム」でメンションされたアカウントは、そのストーリーズをリポストすることができます。例えば、カフェを利用したお客さんがカフェのアカウントをメンションしてストーリーズをアップすると、お客さんのフォロワーさんに見てもらえるため拡散につながります。逆に、カフェ側はメンションされたストーリーズを「♡」アイコンの「お知らせ」から「ストーリーズに追加」することでフォロワーさんにお客さんのアカウントを宣伝することができます。

相互のやり取りが増えるのでエンゲージメントが高まり、UGC（ユーザーによって作られたコンテンツ）（P218参照）の効果的な活用法でもあるので、メンションされた際は感謝の気持ちを込めてリポストするようにしましょう。

ストーリーズのリポストで お互いを宣伝する

お互いのアカウントをフォロワーさんに周知させることができます。メンションされた側はお礼のひと言を添えてリポストすると◎。

ストーリーズでメンションされると「お知らせ」に通知が届き、「ストーリーズに追加」をタップすることでリポストすることができます。

ストーリーズのおすすめ活用法

❹ 発信後にストーリーズでもシェアして見逃しを防ぐ

フィードで見られる投稿やリールは基本的には新しいものが上のほうに表示されますが、親密度の高さで表示順が変わるため混線することが多く、フォローしている人のコンテンツすべてを漏れなくチェックすることは難しいです。

しかし、ストーリーズは既読と未読がそれぞれアイコンのデザインで判別できるため、ほかのコンテンツよりもきちんと見てもらえる可能性が高いです。

この点を活用して、投稿やリールをアップした後は紙飛行機のアイコンから積極的に「ストーリーズに追加」しましょう。そうすることでストーリーズから新規の投稿やリールへ瞬時に飛ぶことができるため、フォロワーさんが見逃す確率が下がります。

ちょっとしたひと手間が、エンゲージメントを高めるポイントとなるのです。

投稿・リールをアップしたら ストーリーズでアピール

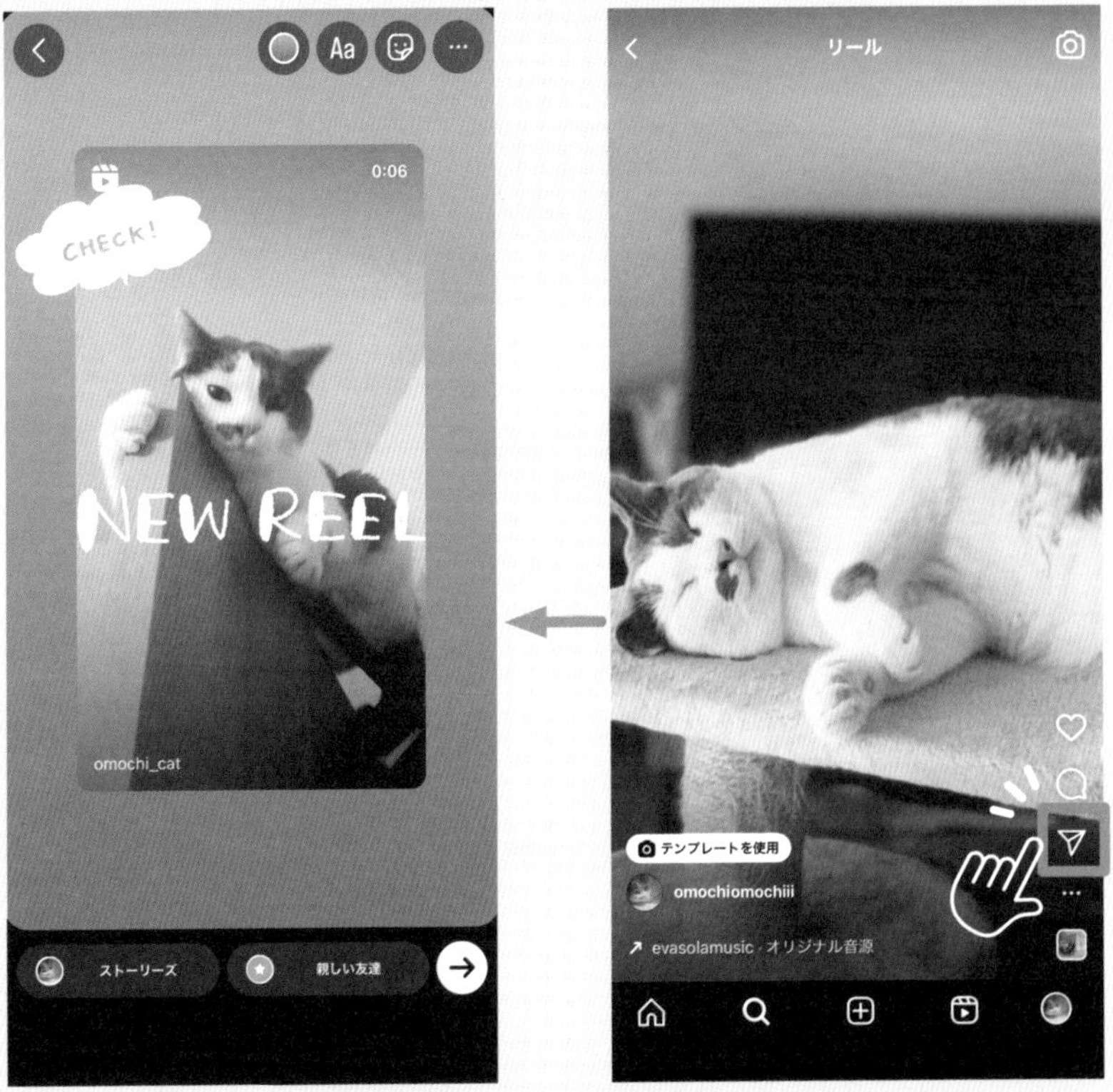

❶新しい投稿やリールをアップした後、紙飛行機のアイコンをタップし、「ストーリーズに追加」を選択します。

❷ストーリーズ編集画面に移るので、スタンプなどを使って新しいコンテンツをシェアしたことをアピールします。

❺ ハイライトは自己紹介代わりにもなる

「ストーリーズのシェアは24時間で消える」と言いましたが、ハイライト機能を使うとプロフィール画面で情報をユーザーに表示し続けることができます。プロフィール画面右上にある「+」アイコンをタップして「ストーリーズハイライト」から作成すれば、何度でも見ることができます。

内容は好きなテーマごとに分けることができるため、企業であれば「新商品」や「お客様の投稿」をまとめたり、個人であれば発信内容や活動内容をまとめて、自己紹介代わりにもできます。

プロフィール画面を訪れたユーザーが、ハイライトを見てフォローするかしないかを決めることもあるので、カバー画像にもこだわってアカウントの世界観を演出できるようにしましょう。

アカウントの個性が光る ハイライト例

@rohto_official

ロート製薬の公式アカウントでは、ハイライトに可愛らしいイラストが使用されています。「社員のおすすめ商品」や「質問にお答え」では各投稿に飛べるようになっており、知りたい情報が分かりやすくまとめられています。

私のハイライトはあえてカバーに同じ画像を設定して統一感が出るように見せていました。公式サイトや保護猫情報など細かく分け、ユーザーがハイライトをラフにチェックするだけで私のことを知ってもらえるように意識しました。

※このプロフィール画面は現在のものとは異なります。

4 ライブ

相互コミュニケーションが最大のメリット

ライブは最大4時間できる生配信機能です。メリットとして、フォロワーさんと密接なコミュニケーションをとることでアカウントの親密度が上がります。視聴しているユーザーからのいいね！やコメントなどのアクションは**シグナル**と呼ばれ、シグナルの蓄積がアカウントの親密度を上げる要因になります（P189参照）。

また、最大のメリットはインタラクティブ性の高さです。ライブではリアルタイムでのコミュニケーションがとれるため、購買行動や投げ銭を後押しする効果があります。

では、ライブをする上で意識しておいた方がいいことはなんでしょう？

ライブの心得

❶ 配信時間は長ければいいというものではない

ライブのメリットとして、アカウントの滞在時間を延ばすことができますが、あまりに長すぎるライブは視聴者側も途中で飽きて離脱してしまいます。テンポの良さを意識しながら、1時間くらいを目安にするのがいいでしょう。

ライブの心得

❷ 実施時間は20時〜23時の間がベスト

多くの人に見てもらいやすい時間帯は、夕食後から就寝前の20時〜23時といわれています。突発的に開催するよりも、「毎週木曜日の20時から21時」など日時を固定しておくと、フォロワーさんに習慣づけてもらうことができます。

ライブの心得

❸ フォロワーさんの数が多いゲストを迎える

ライブでは同じ場所で2アカウント同時配信したり、別々の場所からコラボ配信することが可能です。フォロワー数の多いゲストを迎えれば、ゲストのフォロワーさんにアカウントを認知してもらうこともできます。

ライブの心得

❹ 慣れないうちはきちんとリハーサルする

商品やサービスの魅力を十分に伝えるためには、段取りが肝心です。配信中のトラブルをできるだけなくすために、テスト用のアカウントからリハーサルを配信してチェックしておきましょう。

ライブの心得

❺ コメントのチェック係を立ててスムーズな進行を

ライブがテレビ通販のようになってしまうのはNG。視聴者の質問はできるだけ拾って答えられるようにしましょう。コメントをチェックする係を立て、随時読み上げるか、まとめた質問に後から答えるかたちでもOKです。

ライブの心得

❻ デジタルタトゥーに注意！

ライブは気軽にユーザーとコミュニケーションがとれる機能です。だからといってどんなふるまいをしてもいいというわけではありません。誰かの手によって映像がネット上に残り続ける可能性も頭に入れておきましょう。

ユーザー参加型のライブも有効

ライブでは最大4人と同時配信ができ、ライブの途中でゲストを呼んで参加してもらうことも可能です。例えばファンの方や、商品の愛用者などを招いたユーザー巻き込み型のライブを開催するのも効果的です。事前に「ライブに参加されたい方を3人募集します」と投稿やストーリーズなどで告知しておけば、スムーズな進行が可能です。

コラボ配信の良いところは、ファンやユーザーが参加して一緒に盛り上がれるという点もありますが、視聴者にとってもメリットがあると私は感じています。主催者が一方的にしゃべるよりも、ゲストと会話している方がトーク感覚で耳に入ってきやすく、画面を見なくても楽しむことができます。

たまには、こういった施策を実施してみるのもいいのではないでしょうか。

最大4人で同時配信が可能

コラボ配信をすることで、自身のアカウントをまだ知らないユーザーに対してリーチすることができます。

コラボ配信のやり方はとても簡単。ホーム画面やプロフィール画面の「+」をタップ。メニューを「ライブ」にして配信開始ボタンをタップ。配信が開始したら、下のメニューの人の形のアイコンをタップ。すると「招待する」が開くので検索 BOX に一緒にライブをしたいユーザーを検索して招待するだけ。

より多くの人に見てもらうコツ

ライブが開始されるとストーリーズのアイコンに「LIVE」という文字が表示されますが、ここにはフォローしている人のアイコンしか表示されないため、フォロワーさんにしか届きません。そのため、より多くの人にライブを見てもらうために、開始前にいくつかやっておきたいことがあります。

リマインダーを活用する

リマインダーは、ライブ開始前に予告を通知してくれる機能です。フォロワーさんだけでなく、プロフィールに訪れてくれたユーザーに向けてもライブを視聴してもらえるきっかけになるため、ぜひ活用しましょう。

プロフィールにリマインダーを設置してライブ開催を告知

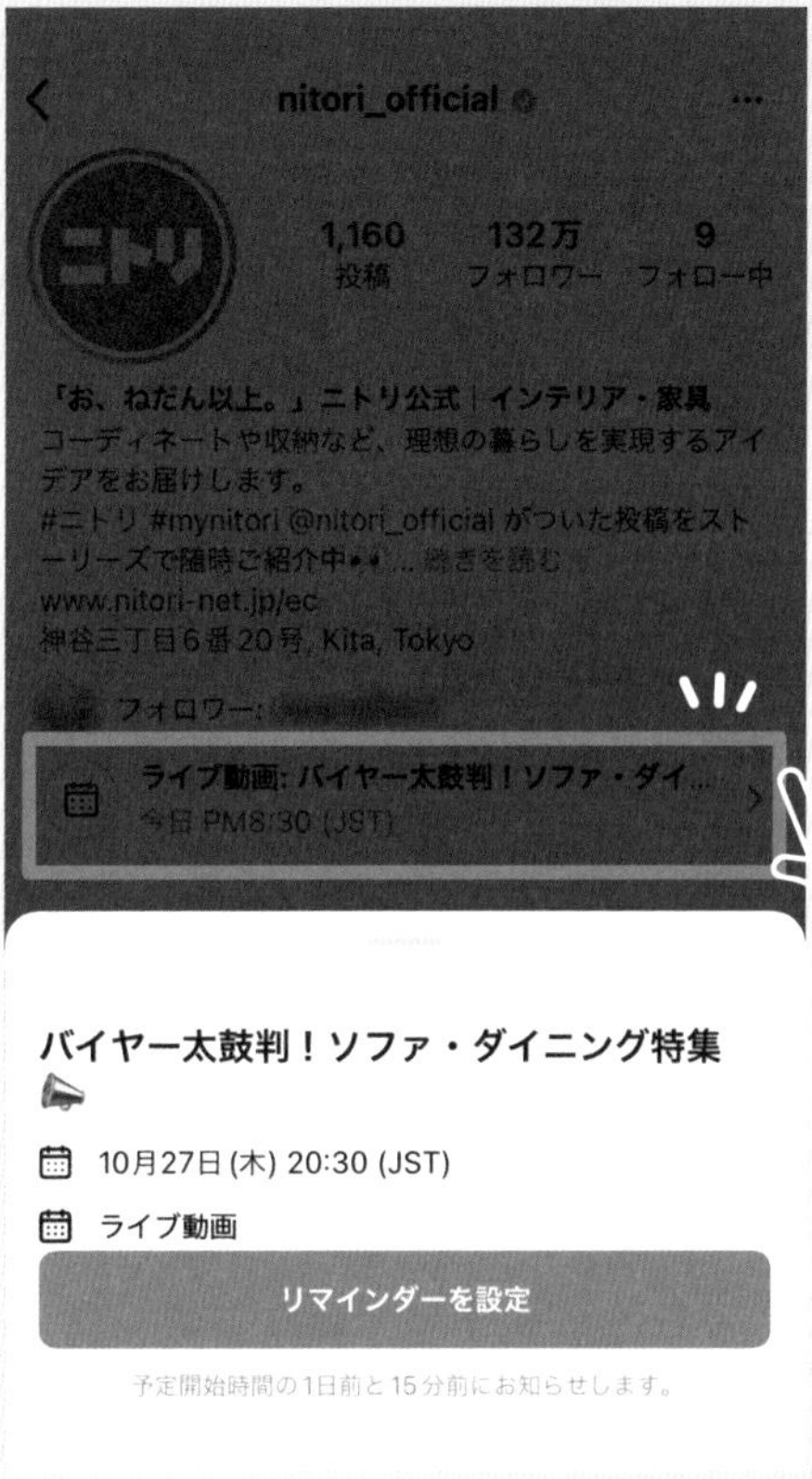

@ nitori_official

自身のアカウントのプロフィールにリマインダーを設置します。

この画面を見たユーザーが「リマインダーを設定」をタップするだけで、開催予定時間前にライブの予告が通知されるようになります。

ストーリーズで事前に告知する

ストーリーズで告知をしておくと見てもらいやすくなります。質問が来ないことが心配だったり、事前にユーザーの聞きたいテーマを知りたい場合は、ライブの告知のときに質問も募集しておくと充実したライブになるでしょう。

配信終了後にフィードでシェアする

ライブ終了後に、「シェア」をタップするとフィードにアップされます。また、プロフィール画面から視聴が可能になるため、当日参加できなかったユーザーにもライブの様子を届けることができます。ただし、すべてを残し続ける必要はなく、クオリティによっては2週間ほどの期間限定とするのがいいでしょう。

ストーリーズのスタンプを使うと便利

質問スタンプ例

質問スタンプを使って質問を募集。フォロワーさんが何を知りたいのか、どんな悩みを抱えているか、事前に把握しておくと◎。ユーザーが求めていない内容は離脱の原因になります。

リマインダースタンプ例

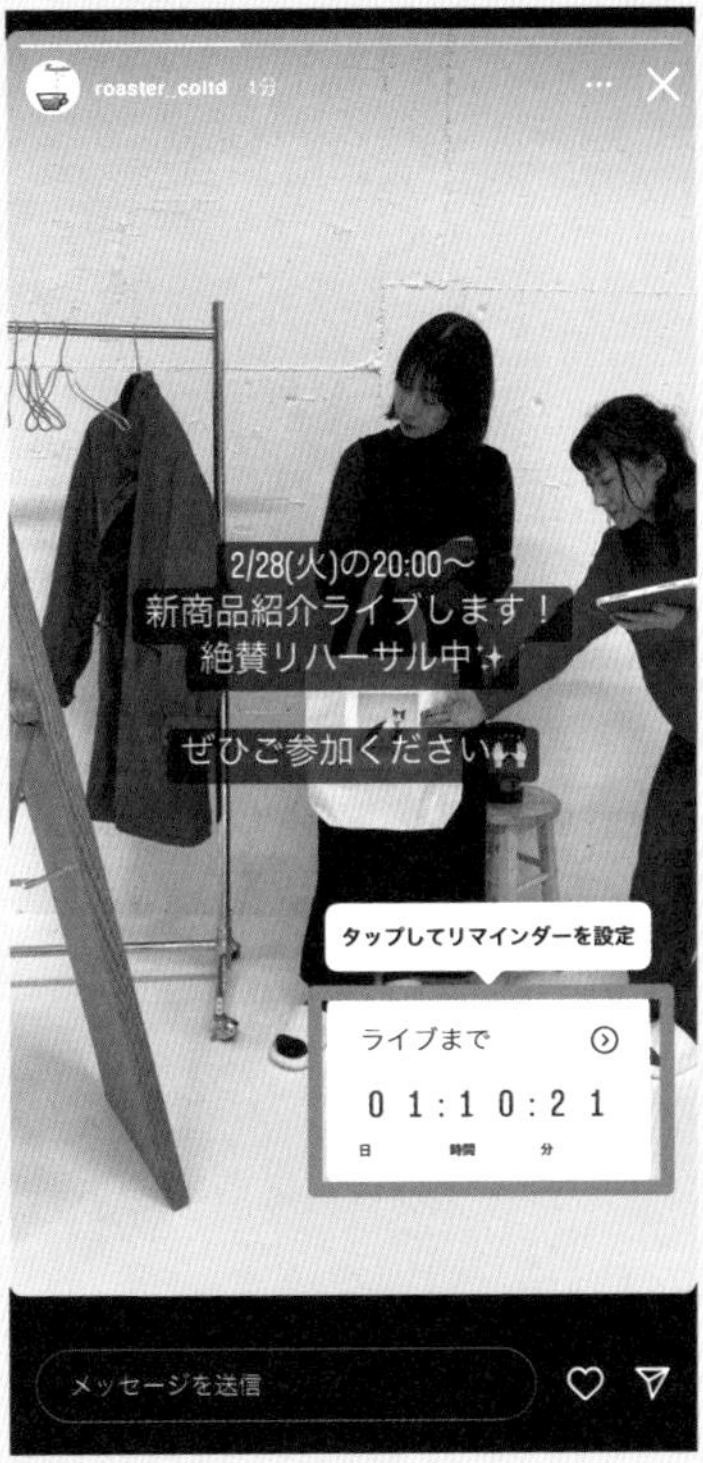

ストーリーズには、ライブの時間にリマインダーを送ってくれるカウントダウンスタンプがあります。ほかにもアンケートスタンプなど、便利な機能がたくさんあるので、活用しましょう。

D's column 05

「好き」を言語化できる練習をしよう

chapter 03では「好きなことが分かったら、自分がなぜそれを好きなのか言語化しよう」とお伝えしましたが、身近にあるものから「好き」の理由を説明できるように練習しておくといいでしょう。例えばご自身の部屋のカーテンについて「なぜその色が好きなのか？」と考えてみてください。分からなければ「カラーで分かる性格診断」のようなものを利用して客観的に「自分ってどういう人？」と深掘りしてみるのもおすすめです。このような自己診断ツールを使って自己分析をすると、自分の性格や性質も見えてきてセルフブランディングができるようになります。私自身「好き」の理由を説明できるようになってから、コミュニケーションが円滑になりました。昔は人と話すことが本当に苦手だったのですが、言語化する訓練を続けたことで、好きなことをシェアできる仲間が増えました。これはInstagramをやっていて良かったと思えることのひとつです。

chapter

06

週一のインサイト効果検証で作る愛されアカウント

―実践編―

あなたのアカウントがなぜInstagramに愛されていないのかは、インサイトを見れば分かります。インサイトを通して、自分のアカウントを分析し、改善策の効果・検証を繰り返しながら、アカウントの魅力をアップさせましょう！

インサイトは百点のアカウントを目指すための成績表

発信を頑張っているつもりでも、なかなか思う通りの結果を得られない。でも「地道にアップを続けていれば、いつかなんとかなる」なんて考えてはいないでしょうか。Instagramの世界はそんなに甘くはありません。

学校のテストを思い浮かべてみましょう。良い成績が取れるのは、予習と復習を徹底できる人たちではないでしょうか？　Instagramも同じです。インサイトを使うと、コンテンツに対するリアクションの良しあしやフォロワーさんの情報を確認することができます。それらを活用し、アカウントの現状と問題点の分析を行い、改善策の検討・実践を図り、結果を振り返ることでどんどんレベルアップさせていくことが可能になるのです。

プロアカウントに設定すれば インサイトを見られる

※カフェのアカウントを例に解説します。

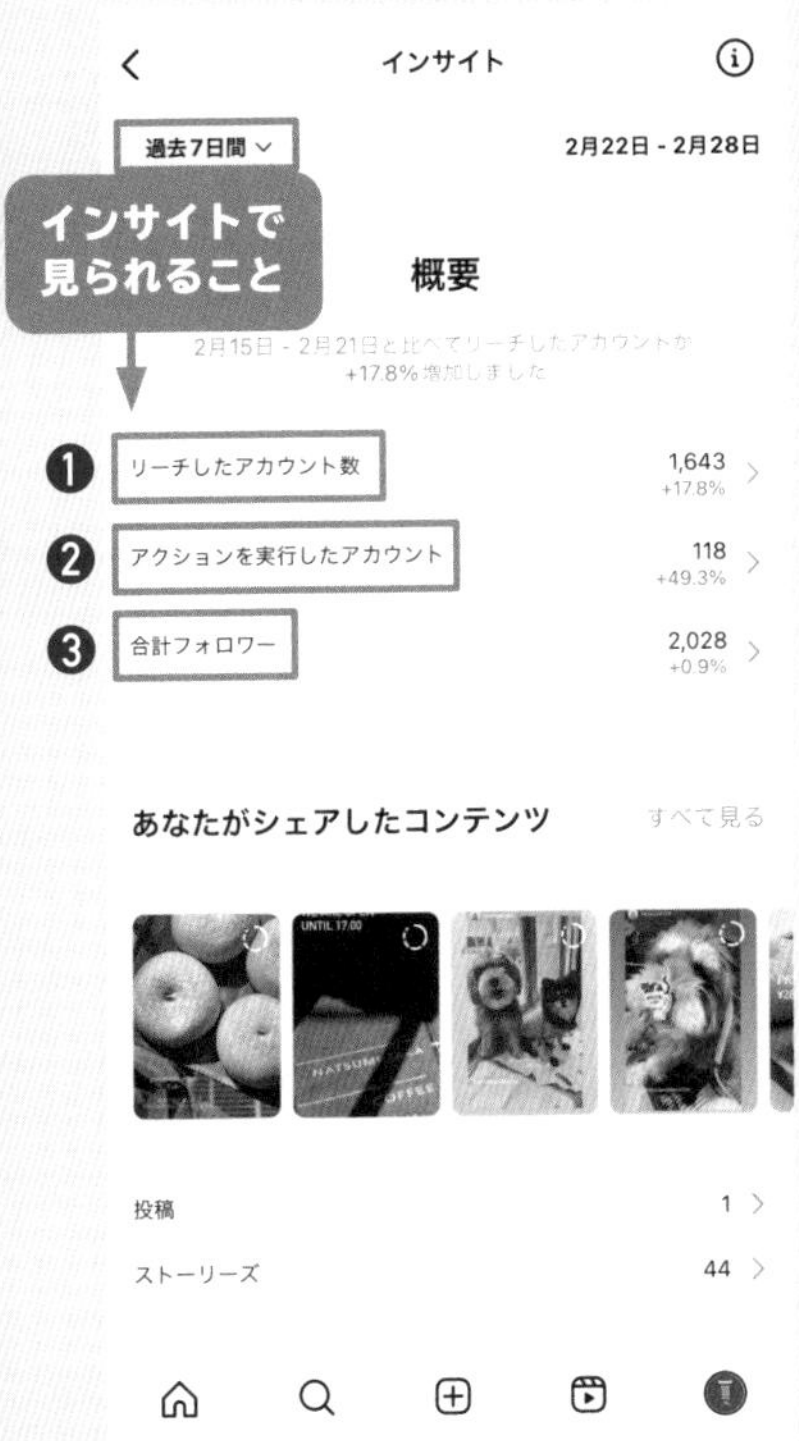

左上で設定した期間内のリーチ数やコンテンツに対しての反応、フォロワーの増減などを確認することができます。

プロフィール画面右上の「≡」アイコンをタップすると「インサイト」をチェックできます。

アカウント全体を1週間単位でチェックする

インサイトをチェックするときは、1週間単位で振り返ることをおすすめします。前ページで示した「概要」から「❶リーチ（閲覧）したアカウント数」「❷アクションを実行したアカウント」「❸合計フォロワー」の3項目について確認することが可能です。

結果を見ながら、1週間で数値にどんな動きがあったかを比較し、フォロワーさんやそのほかのユーザーにどんなコンテンツが人気だったのか、リアクションが悪かったコンテンツはどんなものだったか、フォロワーさんの増減に大きく影響した日はいつか、などを分析することで次なるアプローチを試すことができます。

次のページからは、3つの項目についてそれぞれ解説しています。

インサイトで見られること ❶ リーチしたアカウント数

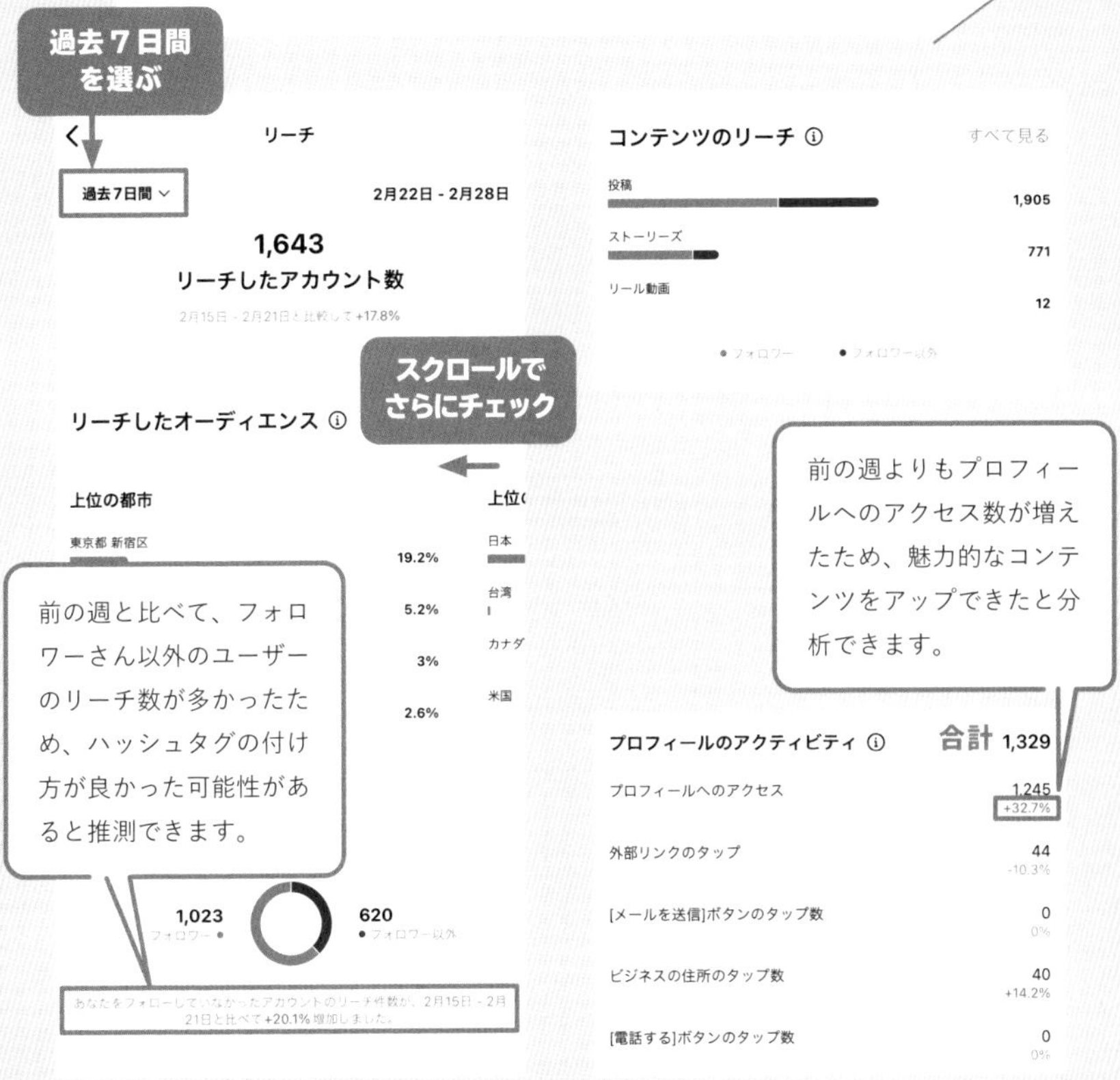

「リーチしたアカウント数」では、自分の発信したコンテンツを閲覧したユーザーの数や属性（居住地・年齢層・性別）をチェックすることができます。また、フォロワーさんかそれ以外かの割合や、コンテンツごとのリーチの割合、プロフィールや外部リンクへのアクセス数など細かく確認できます。

インサイトで見られること ❷ アクションを実行したアカウント

< エンゲージメント

過去7日間 ∨   2月22日 - 2月28日

118
アクションを実行したアカウント
2月15日 - 2月21日と比較して +49.3%

スクロールでさらにチェック ←

アクションを実行したオーディ

上位の都市   上位（

東京都 新宿区
              21.4%
中野区
              5.6%   日本
東京都 渋谷区
              5.6%   カナダ
文京区
              4.6%

フォロワーとフォロワー以外
アクションを実行したアカウントから

88 ◯ 30

〜〜〜〜〜〜〜〜〜〜〜〜〜〜 2月15日 - 2月21日と
ロ〜〜 +25%に増加しました

コンテンツでのインタラクション ①   〜〜て見る

147
コンテンツでのインタラクション
2月15日 - 2月21日と比較して -2.7%

> 前の週よりも少しだけリアクションが良くなかったと分析できます。内容に改善すべき点がないか見直しましょう。

投稿でのインタラクション   **147**
2月15日 - 2月21日と比較して   -2.7%

いいね！   120
コメント数   1
保存数   26

トップ投稿   >
いいね！した投稿に合わせたおすすめ

79 いいね！数
2月27日

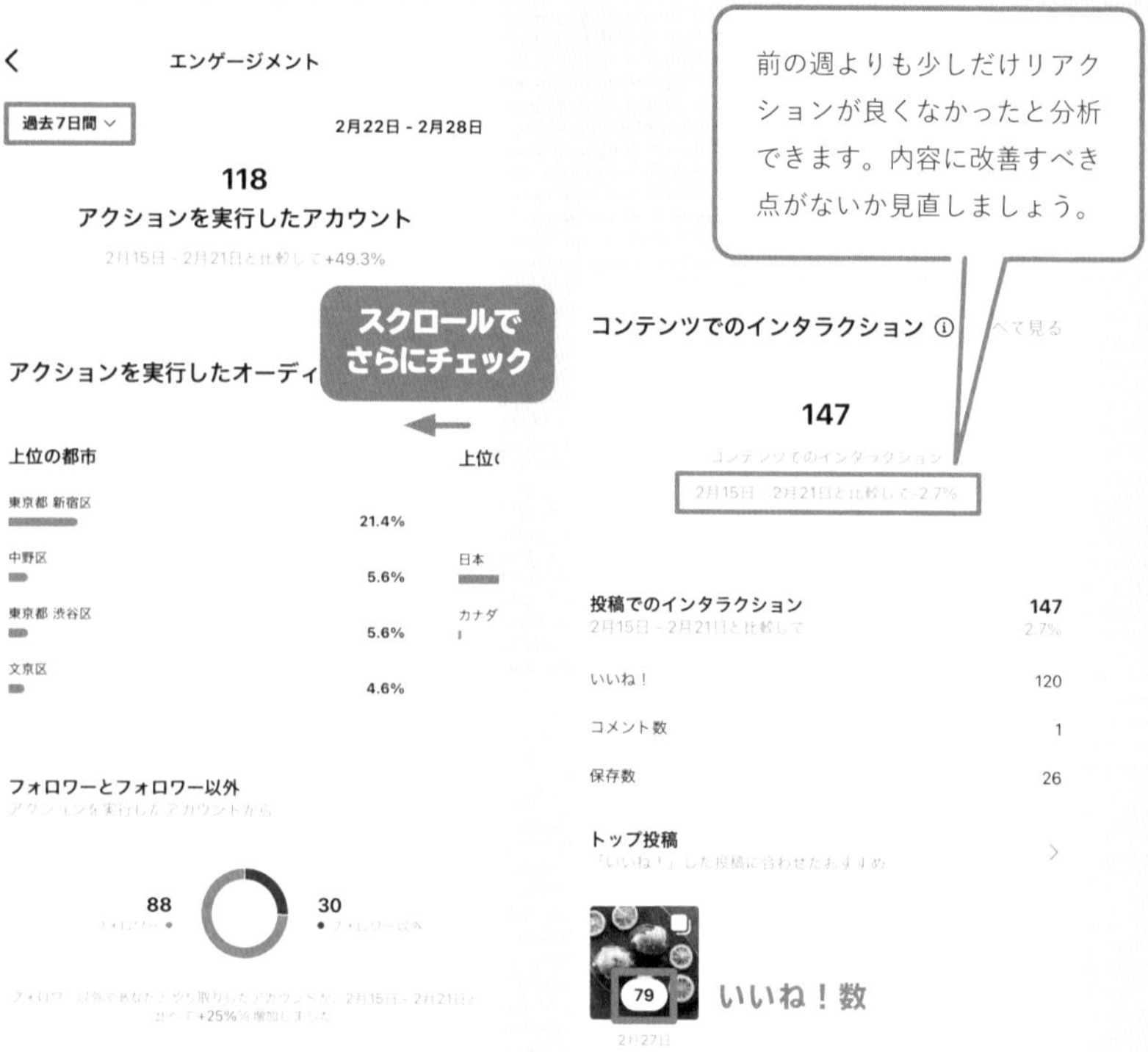

> 「アクションを実行したアカウント」では、いいね！やコメントなどのアクション（＝インタラクション）を実行したユーザーの数や属性（居住地・年齢層・性別）をチェックすることができます。また、アクションを実行したのがフォロワーさんかそれ以外かの割合や、コンテンツごとのインタラクション数も確認できます。

インサイトで見られること ❸ 合計フォロワー

このアカウントのフォロワーさんは、18時以降にInstagramを見ていることが多いようです。アップ時間の目安としましょう。

2月24日に8人のユーザーが新しくフォローしてくれています。この日の自分のアップしたコンテンツの内容が良かった可能性があるので、成功例としてチェックしておきましょう。

「合計フォロワー」では、今週のフォロワーさんの数の増減をチェックできます。また、フォロワーさんの属性（居住地・年齢層・性別）や、アクティブな曜日、時間帯なども確認することができます。

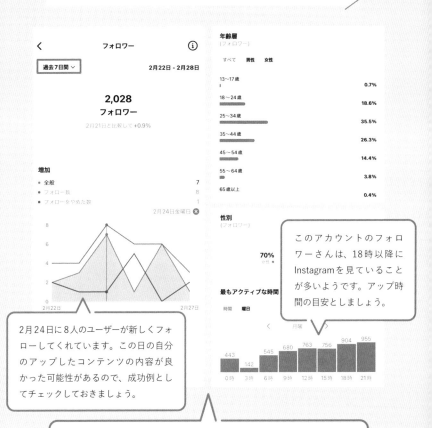

コンテンツごとに細かく分析する

週間のインサイトだけでなく、コンテンツごとの細かい反応もチェックしましょう。成功例も失敗例も、成長のための良い判断材料となります。

1 リーチ

このコンテンツのリーチ数（どのくらいのユーザーがコンテンツを見たか）や、全体のうちフォロワーさんかそれ以外かの割合、インプレッション（ユーザーの画面に表示された回数）を確認できます。左ページの投稿の場合、フォロワーさんによるホームからのアクセスの割合が多いので、ハッシュタグや発見タブなどからの別の流入が増えるように工夫が必要だといえます。

それぞれのインサイトを確認して質の高いコンテンツを目指そう

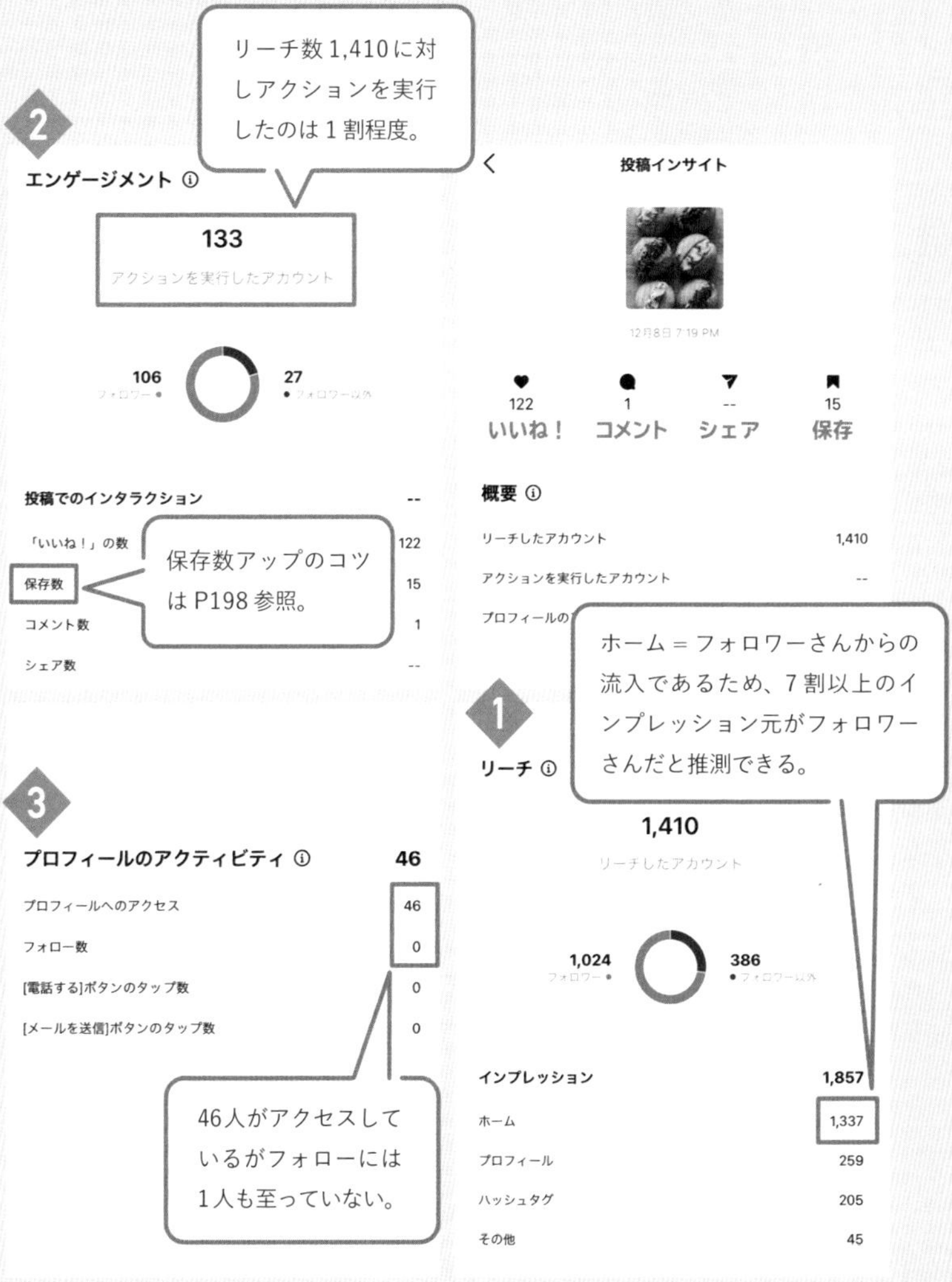
リーチ数1,410に対しアクションを実行したのは1割程度。
2
エンゲージメント ⓘ
133
アクションを実行したアカウント
106
フォロワー
27
フォロワー以外
投稿でのインタラクション --
「いいね！」の数 122
保存数 15
コメント数 1
シェア数 --
保存数アップのコツはP198参照。
3
プロフィールのアクティビティ ⓘ 46
プロフィールへのアクセス 46
フォロー数 0
[電話する]ボタンのタップ数 0
[メールを送信]ボタンのタップ数 0
46人がアクセスしているがフォローには1人も至っていない。
投稿インサイト
12月8日 7:19 PM
122 いいね！
1 コメント
-- シェア
15 保存
概要 ⓘ
リーチしたアカウント 1,410
アクションを実行したアカウント --
ホーム＝フォロワーさんからの流入であるため、7割以上のインプレッション元がフォロワーさんだと推測できる。
1
リーチ ⓘ
1,410
リーチしたアカウント
1,024
フォロワー
386
フォロワー以外
インプレッション 1,857
ホーム 1,337
プロフィール 259
ハッシュタグ 205
その他 45

② エンゲージメント

エンゲージメントでは、いいね！やコメント、保存などのリアクションを指すインタラクションの数とフォロワーさんかそれ以外かの割合を確認することができます。前ページの投稿の場合、①のリーチ数1410に対して、インタラクションの合計は133となっており、この投稿を見た人の1割程度にしかリアクションをもらえていないことが分かります。ビジュアルの改善やCTA画像の追加など、取り入れられる工夫がないか検討しましょう。

似たジャンルで発信しているいいね！やコメント数の多いアカウントを調べて、参考にするのも◎。自分のコンテンツと比べて、何が違うのか、何が足りていないのか、よく見比べるといいでしょう。

3 プロフィールのアクティビティ

ここでは、あなたのコンテンツを見てどれくらいの人がプロフィールにアクセスしたか、その後、どれくらいの人がフォローしてくれたかを確認することができます。P177の投稿の場合、46人のユーザーが投稿からプロフィールへ移行してくれたことが分かりますが、フォローには至っていません。

chapter 04のプロフィールの作り方や、P112を参考にして、プロフィールグリッドの世界観が統一されているかを見直してみてください。色味が浮いていたり、ほかのコンテンツとバランスが良くないものは、投稿右上の「…」から「アーカイブする」ことができるので、並びを調整してみましょう。

2と同様に、ほかのアカウントをたくさん見て参考にするのも、十分な学びになるはずです。良いと思った点は、どんどん取り入れましょう。

PDCAを繰り返し、目標値を達成する

インサイトの見方や簡単な分析方法が理解できましたか？　ここからは、PDCAサイクルに当てはめて、活用の流れを解説していきます。

PLAN（計画）

やみくもに運用してもうまくいきません。まずは現在のリーチ数や平均のインタラクション数など自分のアカウントの現状を知り、目標値を決め、どれくらいで達成するのか計画を立てましょう。具体的な期間と数値を定めることで、実行する前と後の比較が明確にできます。

DO（実行）

目標値を設定したら実行に移していきます。現状の問題点を分析し、仮説を立ててみましょう。例えば、投稿のインタラクション数がいまいちであれば「1枚目の写真の弱さ」や「クオリティの低さ」が原因であると考えられます。仮説としては、「グルメであれば、画角や色合いにこだわり、シズル感を意識すると改善される」といったことが挙げられます。

ここでよくある間違いが「いくつかの仮説を一気に試すこと」。結果を急いで、ひとつの投稿にあらゆる変更を盛り込まないでくださいね。どの仮説がきっかけで効果がアップしたのか分かりづらくなってしまうからです。失敗を招いた場合は、即時にそのアプローチをやめる必要があります。その判断をしっかりとするためにも、一つひとつ試しましょう。

CHECK（評価）

改善策を試した後のインサイトを見てみましょう。実行する前と後の変化を分析するときに本領を発揮するのが、目標値です。インサイトに目を通しながら、設定した数値に対して増えているのか、減っているのか、その変化をチェックしてみてください。目標値が達成できていれば、あなたの仮説は正しかったといえます。検証結果をもとに、良い効果を上げた改善策は引き続き実行していきましょう。

インサイトを見るときは全体を俯瞰して比較するのがポイント。入念な振り返りを行ってください。

ACTION（改善）

目標値を達成できなかった場合は、新たな仮説を検討し、同じような失敗を繰り返さないように改善策を立てましょう。

例えば、写真のクオリティを上げたにもかかわらず、目標のインタラクション数に届かなかったとします。その場合、別の問題点は何が考えられるでしょうか？「そもそも投稿を見てくれている人が少なくないか」「ハッシュタグの見直しでより多くのユーザーへのリーチにつなげられないか」など別の視点から改善策を検討してみてください。

Instagramの運用は、PDCAの繰り返し。諦めずに何度もチャレンジした人だけが、成果を得られるのです。

D's column 06

Instagramを開くのは一日たったの3時間

インスタグラマーは一日中携帯を触っていると思われがちですが、私がInstagramのアプリを開いている時間は毎日3時間と決めています。iPhoneのスクリーンタイム機能で使用時間を設定し、時間が来たら画面にメッセージが表示されるようにしています。キャプションの下書きはメモに記入、コメ返やいいね！返しをするだけなら意外と3時間もあればできたりします。けれども以前は1日20時間くらい、起きている時間は常にInstagramをやっている時代もありました。今思えば依存しているような状態です。現在はあえて時間制限を設けることで、携帯と程よい距離感を保っています。さらにiPhoneのホーム画面にはなにもアプリを並べず、Appライブラリで検索して表示するようにしています。「ついスマホを触ってしまう」とか「SNSにちょっと疲れたな」という人はこんな風に工夫することで、心身のバランスをうまく保てるようになると思います。

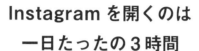

chapter

07

実践編

エンゲージメントが高まればアルゴリズムに愛される

Instagramを成長させる上で「アルゴリズム」を無視することはできません。アルゴリズムを理解するには、これまでにも出てきた「エンゲージメント」についても学ぶ必要があります。ただやみくもに運用していてもフォロワーさんは増えません。エンゲージメントを意識したシェアや行動を続けることで、あなたのコンテンツは多くの人の目につきやすくなるのです。

エンゲージメントなしではフォロワーさんは増えない

エンゲージメントとは、いいね！やコメント、シェア、保存といったユーザーからの反応のこと。

エンゲージメント〝率〟のように割合を指す場合もあります。エンゲージメント率の計算方法には決まった公式はなく、代表的なものがこちらです。

エンゲージメント率

＝エンゲージメント数（いいね！数＋コメント数＋保存数）÷インプレッション数（ユーザーの画面に表示された回数）×１００

インプレッション数の代わりにリーチ数やフォロワー数を分母にする場合もあります。

いずれの数値も、プロアカウントに設定すると無料で見られるインサイトで確認することができます。前の週と比較してエンゲージメントが高いか低いか、増加率は伸びているかなどの結果に応じて見直し、次回のシェア（投稿）時間やハッシュタグの付け方などを改善していきます。

では、エンゲージメントはなぜそんなに重要なのでしょうか？

まず1つ目に、Instagramのエンゲージメントがユーザーとの結びつきの強さを知る目安になるからです。ユーザーとの結びつきはアカウント運用の成果に直結するので、エンゲージメント率を測ることは非常に重要です。

2つ目は、ユーザーに対しての影響力を測ることができるという点です。エンゲージメント率の高いアカウントは多くのフォロワーさんから支持されている＝フォロワーさんに対しての影響力があるとも捉えられるからです。

そして3つ目がエンゲージメント率の良しあしでシェアしたコンテンツの露出が変化するからです。これにはアルゴリズムが大きく関わっています。

エンゲージメントとアルゴリズムの密接な関係

アルゴリズムとは発見タブやリールタブ、ハッシュタグ検索画面などでコンテンツの露出や表示順を決める仕組みのことです。Instagramのアルゴリズムは、より良いコンテンツをユーザーに届けようとします。より良いコンテンツとは、多くのユーザーに支持されているコンテンツ＝エンゲージメント率の高いコンテンツのことです。そのため、エンゲージメントの低いコンテンツは、Instagramのアルゴリズム的には質が低いと見なされ、多くのユーザーへ露出される機会が損なわれます。

アルゴリズムの理解度の差で、アカウントの成長に大きく違いが出ます。言い換えれば、フォロワーさんを増やしていくためにはアルゴリズムに基づいた運用が必須となるのです。

では、アルゴリズムはどのように構築されているのでしょうか。

Instagramのミッションは「大切な人や好きなことと、あなたを近づける」というものです。すなわち、「ユーザー同士の近さ」や「ユーザーとコンテンツの近さ」が重要視されていると考えられます。

ユーザー同士の近さは「親密度」という言葉で表します。親密度は「シグナル」と呼ばれるユーザーが起こすアクションによって加算されていく仕組みです。特に重要視されるシグナルとして、以下のものが挙げられます。

- **滞在時間**
- **コメント**
- **いいね！**
- **保存**
- **プロフィールのアイコンのタップ**

シグナルはほかにもコンテンツのシェアやプロフィールの閲覧など、数千種類あるといわれています。ストーリーズやフィードには広告などを除き、フォローしている人のコンテンツが表示されます。このようなシグナルが蓄積していくことによって、アカウントとユーザーの親密度が図られ、表示される順番が決定されます。

ユーザーとコンテンツの近さは「コンテンツがどれだけユーザーに合ったものか」という観点で計測されます。これはユーザーが日常的に検索している情報やいいね！や保存、コメントなどのエンゲージメントから形成されています。これらの情報からそのユーザーの趣味嗜考に合っていると判断されたものが発見タブなどで表示される仕組みです。

このように、ユーザーの興味や関心のあるコンテンツを着実におすすめ表示させようとするため、Instagramのアルゴリズムが出す答えは、無数に存在するのです。

上位表示されるためには エンゲージメントが必須

人気投稿

ハッシュタグ検索などで上位に表示されるコンテンツを人気投稿と呼びます。ここに表示されるには、フォロワーさん5人に1人からいいね！をもらっているなどのエンゲージメント率も関わっているといわれています。

自分の趣味嗜考に合ったコンテンツが表示される

発見タブ

例えば、閲覧者が過去にいいね！やコメントをした写真をアルゴリズムがサーチ。次にその写真が好きなユーザーを調べ、そのユーザーたちが興味を持っているアウントの写真が表示されるという仕組みです。

エンゲージメントを高めるテクニック

それでは、エンゲージメントを高めるにはどうすればいいのでしょうか？自分から行動せずにいいね！やコメントをただ待っていても何も変わりません。また、コンテンツを単調にシェアしていくだけになるのもNG。世界で20億人以上の人々が利用するInstagramで成果を上げるためには、いかにアカウントの存在を認知させ、フォローしてもらい、親密度を上げていくかが鍵なのです。より魅力的な発信を重ね、たくさんの人にフォローしてもらい、フォロワーさんとの交流を大切にすることでエンゲージメントは高まります。

次のページからは、具体的なポイントを解説していきます。特別なテクニックはほとんど必要ありません。コツコツと地道に繰り返していきましょう。

いいね！周りでアカウントの存在を広めよう

フォロワーさんの数が少ないうちは、表示されるコンテンツにどんどんいいね！をする「いいね！周り」をしましょう。いいね！をすることで相手に通知が届くのでプロフィールの閲覧が期待できますし、もし興味を持ってもらえればフォローしてもらえる可能性にもつながります。自分がテーマにしている内容に関連することを検索し、似ているコンテンツを発信しているユーザーに絞っていいね！していくことも効果的です。好きなことが共通していると、交流も生まれやすいですよね。

地味だと思うかもしれませんが、とても大切な行動です。いいね！してもらいたいのであれば、まずは自分からどんどんいいね！していきましょう。

質の高いコンテンツを定期的にアップする

コンテンツの発信が週1回のアカウントと週6回のアカウントでは、もちろん週6回のアカウントの方がより多くのリーチが期待できます。しかし、その内容が十分に練られた発信なのか、適当な写真や動画を並べただけのものなのかで話は大きく変わります。なんとなく毎日のようにアップしている投稿やリールよりも、フォロワーさんが何を求めているのかを考え、丁寧に作り上げたコンテンツの方がいいことは明らかです。

質の高い発信を毎日行うのがベストですが、基本的には2〜3日に1回のペースでいいので一つひとつ、より良いものをアップしていきましょう。

ストーリーズスタンプを使ってユーザーと手軽に交流

ストーリーズのスタンプを使ってユーザーとコミュニケーションをとることも、エンゲージメントをアップさせるテクニックのひとつ。

スタンプにはスライドスタンプや、アンケートスタンプ、そのほか質問やお題など各種バリエーションがあります。自分のコンテンツに対して、ユーザーがリアクションしやすい仕組みを用意しておけば、エンゲージメントにつながりやすくなるのです（P150参照）。

すると、ストーリーズを見てもらえたこと、スタンプにリアクションしてくれたことの2点から、エンゲージメント率が算出されます。

企業アカウントなら、ユーザーから商品やサービスの感想や意見を聞き出しやすくなるチャンスにもつながります。

とにかくコメ返&いいね！返し

ユーザーにとって有益な内容や質の高いシェアを続けていると、多くの人からいいね！がついたりコメントが寄せられるようになります。いいね！やコメントがついたら、必ずリアクションするようにしてください。そうすることでInstagramはあなたと反応してくれたユーザーは親密であると見なし、あなたの投稿やリールが優先的に表示されるようになります。私はこれをもう何年も続けているので、今では歯磨きするのと同じくらい当たり前の感覚です。

コメントにきちんと返信できたら理想的ですが、丁寧に返す時間がない人もいるでしょう。そんなときは、コメントに対していいね！を押すだけでも大丈夫です。相手は人なので、感謝を表す気持ちが大切です。コメ返&いいね！返しは双方にとってwin-winであることを忘れないでください。

絵文字や顔文字を使って海外のフォロワーさんと交流

Instagramに翻訳機能がなかったときから、海外のフォロワーさんのコメントにも必ずお返事するようにしています（以前は4～5時間かけていたこともあります）。海外の方でも分かるように、絵文字や顔文字を使ってコミュニケーションをとります。私のフォロワーさんはBTSのファンの方が多いので、意識して紫（BTSファンにとって特別な色）のハートを使うことも多いです。

保存&シェアされることを狙う

あなたのコンテンツが保存されたり、ほかのユーザーにシェアされたりすることでもエンゲージメント率はアップします。またアルゴリズムによって、保存数やシェア数の多いコンテンツは発見タブやフィード、ストーリーズでも優先表示されやすくなります。

インサイトを確認したときに、コンテンツの保存数が多かった場合、ユーザーにとって「後で見返したいと思うくらい役に立った」、シェア数が多ければ「ほかの人に共有したいくらい有益だった」と考えることができますよね。このようなコンテンツを増やしていくことで、アカウントの人気は増します。「保存・シェアはしたが、フォロワーではない」という人も、有益な情報を多く発信するアカウントと認識すれば、後にフォローしてくれる可能性が高まるはずです。

ニトリの保存したくなるお役立ち投稿

@ nitori_official

家具やインテリア用品の販売で有名なニトリでは、「家事を楽にするキッチンアイテム」や「洗濯お助けアイテム」など、さまざまなシーンに合わせた有益な商品情報を、カルーセル投稿にまとめて掲載しています。一つひとつのアイテムが使用イメージとともに紹介されており、保存して見返したくなる内容になっています。

D's column 07

インスタにはモテておく。でもインスタには依存しない

インスタグラマーって「好きなことをしてご飯を食べている」と思われているかもしれませんが、実際はInstagramのアルゴリズムに好きになってもらえるように努力しているんです。この関係は、ある意味では、恋愛時の行動に似ているのかもしれません。「自分がどうしたい」だけではなく、「相手の好みを見つけていく」ということ。「相手の好きな洋服を着る」とか「相手の好みのメイクをする」とかが、Instagramではハッシュタグだったりコメント返しなのかな、と思います。そうやってInstagramにモテることで、自分のコンテンツが多くの人の目に届くようになるのです。「インスタがなくなったらどうするの？」と聞かれることもありますが、あまり深刻には考えていません。もちろんInstagramのことは大好きですが、いつかはサービスが終わってしまうため、依存するのではなく、あくまで好きになってもらう努力をするくらいに留めています。

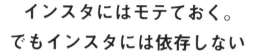

chapter

08

実践編

Instagramを上手に使って個人で仕事をする

個人がInstagramの運用を適切に行うと、ある程度のフォロワー数に達した際、企業から案件を依頼されることがあります。そして、フォロワーさんの数が増えるにつれ、仕事の幅も広がり、やがては夢の実現へと進化していきます。この章では、インスタグラマーとしての仕事内容や、案件の請け方について紹介いたします。

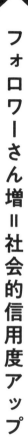

フォロワーさん増＝社会的信用度アップ

エンゲージメントの高いシェアを重ねると、あなたのアカウントに徐々にフォロワーさんが増えていくことを実感するはず。また、それにつれて企業からDMなどを通してPRの仕事を打診されたり、イベントに招待されたりすることも増えていきます。その影響力が信頼となり、各所からさまざまな仕事の依頼を受けるようになるのです。私自身もフォロワーさんの数に応じて、プロのインスタグラマーとしての階段を少しずつ上ってきました。

私の場合はフォロワーさんが増え、社会的信用度がアップしたおかげで所属していた事務所を辞め、フリーランスとして活動を始めました。そのおかげで自由な時間が増え、よりInstagramにコミットできるようになりました。自分の時間を自分で管理するようになってからは健康にも気を使い、良いバランスで仕事ができています。

またもうひとつ、私にとって良かったことが「目的意識が一緒の仲間が増えた」ということ。フォロワーさんが増えたことで、自分のアカウントが名刺代わりになり、多くの人と知り合い、良い関係を築くきっかけとなりました。特にアカウントにオフィシャルマークがついてからは、インフルエンサーとしての社会的信用度が増したと感じます。Instagramはソロプレーですが、自分がやりたいこと、実現させたいことに対して賛同してくれる仲間ができ、チームで動けるようになりました。そのきっかけを作ってくれたのは、紛れもなく私を支えてくれたフォロワーさんたちです。

そしてフォロワーさんが増えるにつれ、心配してくれたり、励ましのコメントをくれる方も多くなりました。そのような方々が私のモチベーションとなり、Instagramを頑張れています。

影響力が高まると仕事の幅が広がる

影響力が高まるとさまざまな仕事の依頼を受けるようになりますが、具体的にはどのような種類があるのか見ていきましょう。代表的な例がこちらです。

●PR

いろいろな企業の商品や使用感、おすすめポイントなどをシェア。広く認知されるように宣伝する対価として報酬を受け取ります。消費者の購買意欲、行動を促進させるのがブランド側の狙い。

●アンバサダー

特定のブランドと一定期間契約を結び、期間中はブランドの顔として活動します。商品を好意的に使用し、ユーザー目線で特徴や魅力を発信することが大

インスタグラマーの仕事例

事。イベントやキャンペーンでもブランド価値を発信する役割を担います。

●コラボ商品製作

企業と協力しながら商品を企画段階から関わって作り上げ、付加価値を高めます。期間限定で販売されることが多いため、ニュース性が高い。

●企業と一緒にブランド展開

一定数の販売が望めるような影響力を持てば、ブランドの立ち上げを企業から依頼されることも。自分のブランドを持てるのはメリットがある反面、商品が売れなければ在庫過多になり、ブランドがなくなるリスクも。また、契約の縛りにより、競合ブランドと仕事ができなくなる可能性もあります。

●独立・起業し、自社ブランドを立ち上げる

企業との契約に縛られず、自分の裁量でブランドを成長させて収益を上げたい。そのような思いで起業するインスタグラマーもいます。経営者として社会的信用を得られる一方で、金銭面や人材などすべてのリスクを背負う覚悟が必要です。

●ギフティングは仕事ではない

ある一定のフォロワー数に達すると企業のPRチームから商品が送られてきます。使った感想をシェアして情報拡散につなげてほしいという意図があり、「ギフティング」と呼ばれます。初めてだとうれしいかもしれませんが、これは仕事と呼べるものではありません。なぜなら、その大半が無償だから。それをやればやるほど、本当の意味での仕事から遠ざかるので注意が必要です。

インスタグラマーの施策の種類

インスタグラマーが依頼される施策内容としては、
主に4つのタイプがあります。

サービス体験レポート

企業の商品を提供していただき、自宅などで体験後アカウントに感想をシェアする仕事。依頼主とのやり取りから完了まで、オンライン上で完結することがほとんどです。

現地訪問レポート

店舗やイベント、観光地などへ出向いて製品やサービスを体験し、感想をレポート。現地でリアルに体験することで、より訴求力の高いレビューをシェアすることができます。

アカウントアドバイザー

アカウントの運用に関してアドバイスをします。コンテンツの見せ方からフォローされるまでの流れをレクチャーしたり、依頼先のアカウントの価値を高めて成長をサポート。

アフィリエイト

アフィリエイトサイトに登録して、成果報酬型の広告収入を得るパターンもあります。商品やサービスを紹介して、購入されたら紹介料として報酬を得られる仕組みです。

※アメリカでは、リールの再生回数に応じて収益を受け取れるプログラムや、アプリ内でブランドと案件のやり取りができるテストが開始されています。詳しくはMeta社の公式サイトをご確認ください。

自分に合った働き方を選ぼう

インスタグラマーの中には、フリーランスで活動している人や事務所に所属している人などがいます。

フリーランスは仕事を個人で請けるため、売り上げの大半が収入となります。

一方、芸能事務所やインフルエンサーを専門にした事務所に所属している人もいます。事務所が企業に営業をして仕事を作ってくれる代わりに、売り上げの一部がマージンとして事務所のものになります。

フリーランスか、事務所に所属するかという2択で考えてしまう方が多いですが、フリーランスの中にも、もうひとつエージェント契約という方法があります。基本的に私の場合、自分に直接きた仕事の契約内容の管理や交渉をエージェントにしてもらっています。お金の話を代理人が行ってくれるので、仕事に専念することができます。また、事務所に所属するのと違って仕事を自由に選ぶことができるところもメリットです。日本ではエージェントと契約を結んでいるインスタグラマーは少ないですが、私はエージェント契約もひとつの手段だと思います。

ただひとつ、どんな活動形態でも気をつけないといけないことがあります。それは「うまい話には気をつけろ」ということ。一般的にインスタグラマーの1シェアあたりのギャラは、フォロワー数×2~4円が相場。「妙にギャランティが高額である」「安全性の疑われる商品をPRするよう言われる」など怪しい案件には手を出さないように。ギャランティの不払いに見舞われることもあれば、最悪の場合訴えられたり、社会的信用を失ってしまうという大きなリスクがあります。

自分の価値を上げる仕事を見極める

もしかすると、読者の方の中には「フォロワー数がある程度いるのに、仕事の依頼がなかなか来ない」または「無償の依頼はあるけれど、有償での依頼がない」という人もいるのではないでしょうか。

まずは、目に見えて分かる実績をつくることが必要です。例えば、ファッションの場合だとハイブランドやみんなが知っているようなメジャーな企業と仕事をすることで信頼感が増し、ほかの企業は仕事を発注しやすくなります。そして、一度そのような仕事を受けて満足してしまうのではなく、数を積み重ねて実績を更新していくというセルフブランディングを意識することも重要です。

報酬が低くても仕事の実績として有利になるような内容なら、受けた方がメリットになる場合があります。私も先日、秋葉原の街中で見知らぬ人に声をかけられたと思ったら、某人気テレビ番組の取材でした。無償だし、「家の中を見せてください」というお願いをされて抵抗もありましたが、この本の宣伝ができるかもしれないと思い、引き受けました(笑)。

「この金額以下なら受けることはできません」と仕事を断るインスタグラマーもいますが、チャンスはその先にあるのかもしれません。何かしらプラスになる可能性を秘めていたり、自分の価値が高くなるのなら利益が少なくても受けるべき仕事はあるのです。

今、注目したい個人アカウント

　ここではInstagramを使って好きなことをしながら仕事の幅を広げて活躍している個人アカウントをご紹介。写真の撮り方や世界観のつくり方など、運用のヒントが見つかるはずです。

　1人目は「トラベルインスタグラマー」として活躍されている上田きょうこさん。彼女は日本全国に足を運び、息をのむような絶景や四季の美しさなどの魅力を発信されています。

　写真は、奥行きのある壮大な景色の中に上田さん自身は小さく後ろ姿で写ることによって、景観がより引き立てられ、彼女の世界観が伝わりやすくなっています。私と同様に、世界へ視野を向けた英語発信もより多くのユーザーに興味を持ってもらえる重要ポイントといえるでしょう。

ドラマチックな写真で日本の魅力を世界に発信

① Kyoko Uedaさん（@kyoko1903）

kyoko1903
日本
いいね！: 他
kyoko1903 As Reel posted yesterday, Kawazu-zakura (early blooming cherry blossoms) begin to bloom in February! Here are some of the early blooming cherry blossoms we photographed in February
昨日リールも投稿しましたが、２月は河津桜が楽しめる季節です。こちらが過去私たちが撮影した河津桜の写真です。

kyoko1903
1,814 投稿
31.3万 フォロワー
281 フォロー中
Kyoko Ueda / トラベルインスタグラマー / Japan Travel
Sharing the beauty of Japan
日本の魅力を世界に。
kyoko1903@gmail.com
観光の力で少しでも日本が元気になりますように
linktr.ee/kyoko1903
ショップを見る
フォロー中
メッセージ
メール
Miyajima20...
Tomonoura
Akita
Kumamoto
Fukushima
Unknown Place in Japan
Where is it?
日本のどこでしょう?

パッとひと目で伝わるようにメインとなる対象物を中央に配置しています。ファッションはロケーションに合ったものでコーディネート。着物を着て撮影することも多いです。また、人の写り込みをなくすことで非日常感を演出しています（上田さん）。

2人目は、学生インスタグラマーからアパレルブランド設立へとステップアップしたりぃさん。まず注目したいのが、自己紹介の「〝シンプルなのに、どこかお洒落〟な服選び。」という一文。テーマの提示に加え、ユーザーの興味をひくコピーとなっています。さらに、自身の身長を記載することによって見る人によりリアルに情報が伝わります。

プロフィールグリッドを見ると、主にモノトーンのアイテムで統一され、写真の色味も落ち着いていて大人のスタイリッシュさが感じられます。リールは週に数回アップされていて、彼女の日常やお気に入りの私物を動画で分かりやすく伝えています。自身のブランド『nairo』のアイテムを使ったコーディネート紹介もあり、ユーザーにファッションのヒントを与えてくれるのもフォローのメリットといえるでしょう。また、あまり顔出しせずにあえて首から下のみを写したり、顔をスマホで隠したりしています。そうすることで、ユーザーが自分に置き換えて着こなしを参考にできるのです。

ファッション系インスタグラマーから ブランドディレクターへ

②りぃさん（@hyororii_69）

hyororii_69
nairo__official
いいね！: 他
hyororii_69 裾ラインが可愛いフレアスカート。完売していたSサイズ、入荷しました♡(私もS着用してます)
この日はウエストと手首が
恐ろしく細く見える
パフスリーブニットと合わせて。
足元はブーツで少し外して
カジュアルMIX好き継続中です
knit / nairo パフスリーブウエストリブニット S

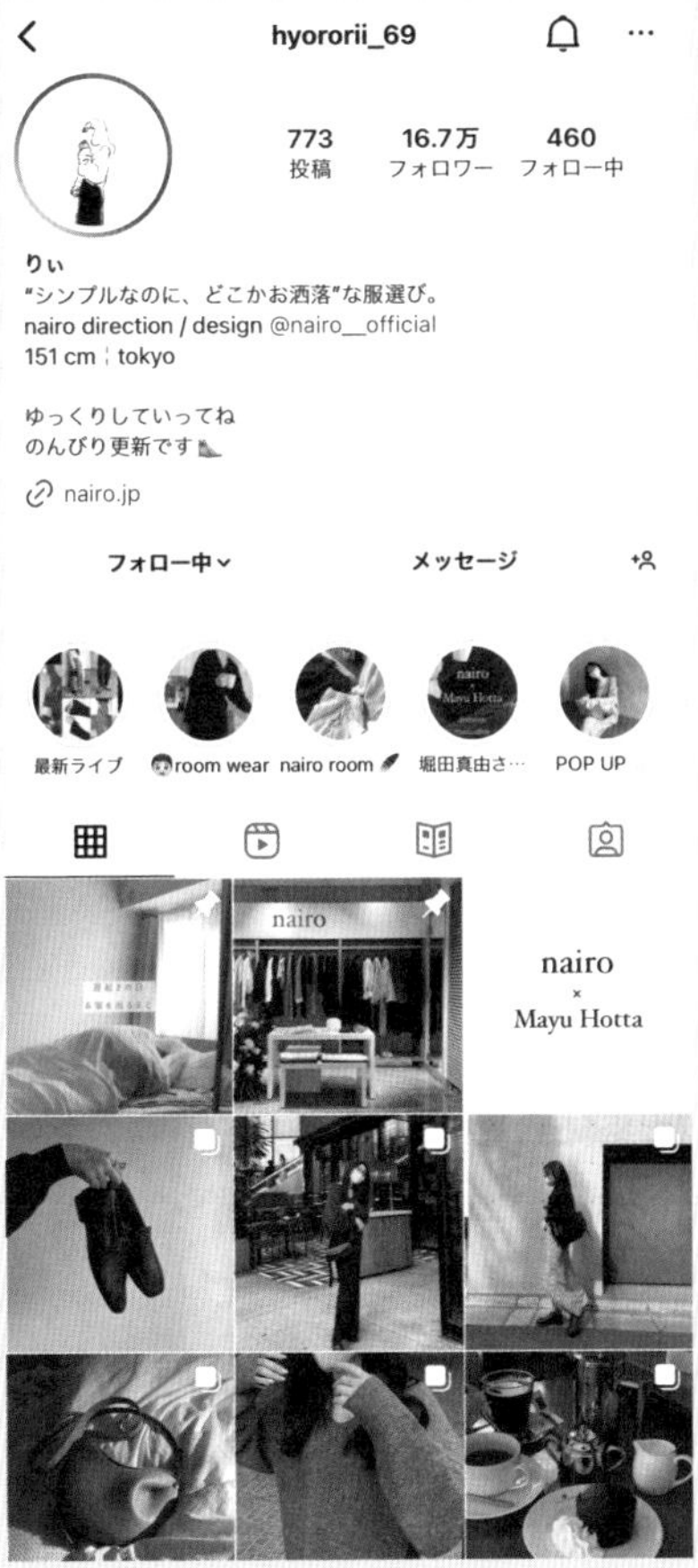
hyororii_69
773
投稿
16.7万
フォロワー
460
フォロー中
りぃ
"シンプルなのに、どこかお洒落"な服選び。
nairo direction / design @nairo__official
151 cm ¦ tokyo
ゆっくりしていってね
のんびり更新です
nairo.jp
フォロー中
メッセージ
最新ライブ
room wear
nairo room
堀田真由さ…
POP UP
nairo
nairo
×
Mayu Hotta

世界観を演出するために意識していることは、「ゆったりとした余白」と「ベースカラーを白・黒・グレー・ブラウンの4つに絞る」こと。また、テーマを体現するために「程よく真似しやすいコーディネート」を心がけています（りぃさん）。

D's column 08

誰もが陥る可能性がある「間違いだらけのインスタグラマー」

インスタグラマーとして成功すると、収入が増えたり、モテたり、自由に使える時間も多くなります。しかし、ここでお金の使い方を〝間違ってしまう〟人を見ることがあります。そうなると周りの人に迷惑をかけたり、自分を見失うことになりかねません。私も昔はその失敗を経験しました。洋服が好きだったのでハイブランドの洋服を買ったりしていましたが、Instagramにアップする気にはならず、自分しか喜ばないもったいないお金の使い方をしていたのです。これを話すと大概の人に驚かれますが、今では私が自分のために使えるお金は「月に2万円」と決めています。この2万円は何にでも使っていいお金ですが、結局は趣味のアニメ関係に使うことが多いです。そして稼いだお金はInstagramの企画や保護猫活動に使うようにしています。お金の使い方をInstagramにコミットしたおかげで、向上心を忘れることなく仕事を続けることができています。

chapter

09

実践編

企業アカウントの活用術

ここまで来たら、企業アカウントの運用も夢ではありません。基本的にはこれまでの章で学んできたことがベースになりますが、効果的な施策や便利な機能を活用することで、アカウントの認知拡大と、商品やサービスのファンを増やすことができます。この章では実例を挙げながら、企業アカウントの運用のコツを解説していきます。

"ウルサス"を意識した運用をする

ULSSAS（ウルサス）（左ページ参照）とは、SNSの新たな行動購買モデルです。ユーザーはこのプロセスを経て商品を買うと考えられています。Instagramをビジネスで活用するなら、この仕組みを覚えておきましょう。

ULSSASの例を挙げてみます。新商品が発売され、ユーザーが写真つきのシェアをする（User Generated Contents＝UGC※1）→そのUGCを見たユーザーが、そのコンテンツにリアクションをし、エンゲージメントが高くなることで、より多くの人の目に触れる（Like）→UGCを見たユーザーが商品について気になり、SNSで検索する（Search1）→さらに具体的な情報を求めるユーザーがGoogleなどの検索エンジンで商品を検索する（Search2）→「購買」という行動が起きる（Action）→購入した商品の写真を撮り、新

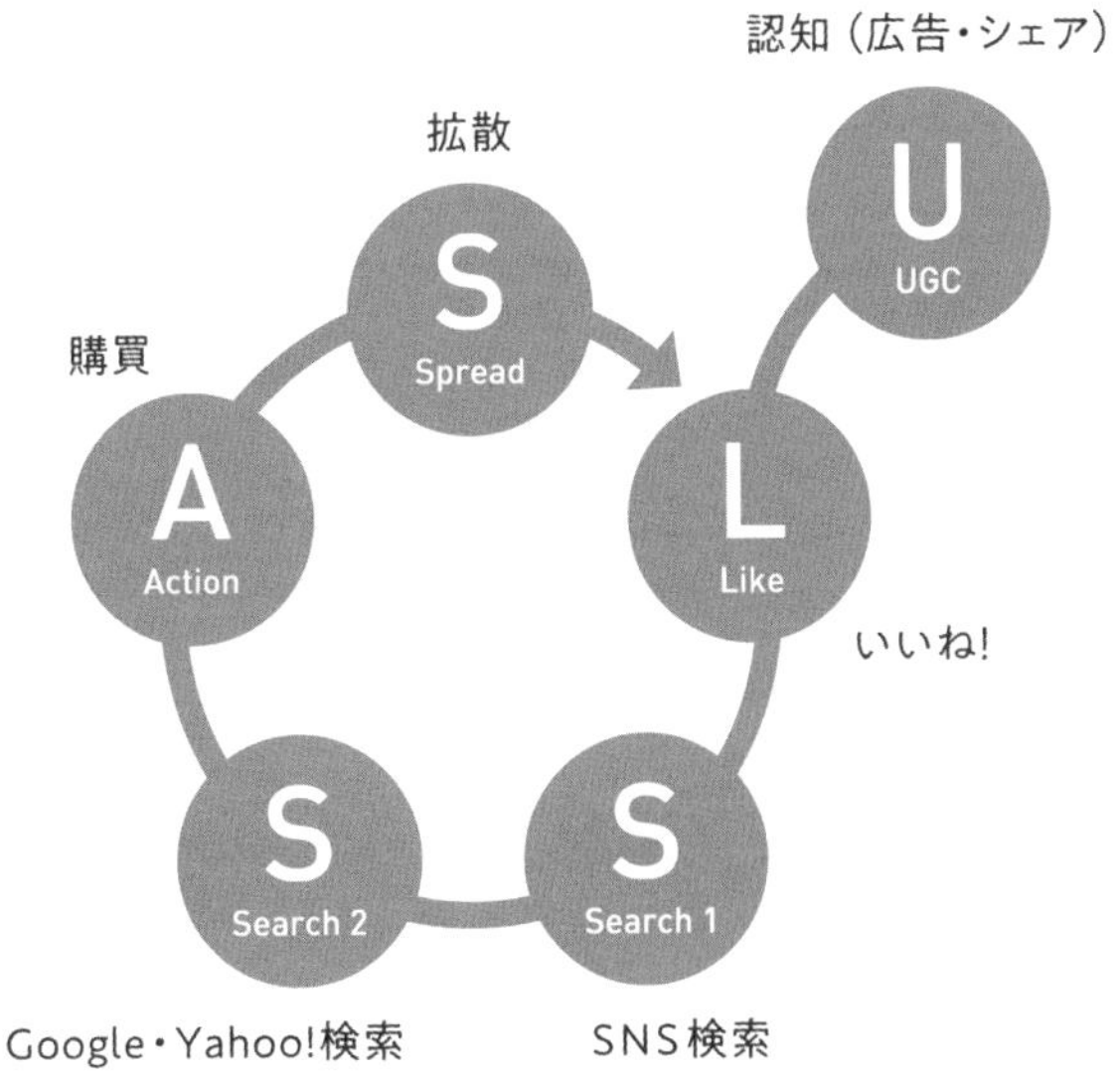

出典：株式会社ホットリンク

たなUGCをシェアする（Spread）といった具合です。つまり、最初の一歩、UGCを促すためのインパクトが必要なのです。

ULSSAS（ウルサス）

- U UGC（※1 ユーザーがシェアした、企業に関する情報が含まれるコンテンツ）
- L Like（コンテンツへいいね!）
- S Search1（SNS検索）
- S Search2（Google ・ Yahoo!検索）
- A Action（購買）
- S Spread（拡散）

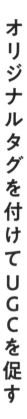

オリジナルタグを付けてUGCを促す

UGCを促す施策として有効なのが、アカウント独自のオリジナルハッシュタグを付けること。企業アカウントの例として、『ワークマン』を挙げましょう。ワークマンでは「#ワークマン女子」というハッシュタグを掲げることで、ユーザーからのリアルな口コミコンテンツ（＝UGC）が集まりやすい仕組みを作っています。

ユーザーがオリジナルハッシュタグを使って随時シェアをすることで、企業はブランドの認知を広めることができ、コミュニティ拡大を見込むことができます。ユーザーのシェアはリアルな情報として口コミ同様に拡散されていくため、UGCで評判の良かった商品は、さらに売り上げアップも見込めるようになるでしょう。またUGCを通して新たな商品アイディアを得るチャンスもあ

キャプションやプロフィールで オリジナルタグをアピール

workman_plus
workman_plus 花柄をチラ見せ
キルティングと気分でリバーシブルに
しっかり撥水と防風もしてくれるので
寒い日も気軽に乗り切れちゃいます
製品：レディース防風撥水ストレッチリバーシブルウォームフーディー
2,900円（税込）
製品コード：47639
※店舗によりお取り扱いが無い場合があります。
#リバーシブル #冬ファッション #ウィンターコーデ #フーディー #ウォームフーディー #キャンプ女子 #キャンプマン #outdoor #グランピング #アウトドア #ソロキャン #新商品 #新
workman #workmanplus #ワークマンプラス ワークマン女子

workman_plus
WORK MAN Plus
721 投稿
23.8万 フォロワー
52 フォロー中
ワークマン公式
ショッピング・小売り
ワークマン、ワークマンプラス、#ワークマン女子 の公式アカウント @workman_plus、#ワークマン のタグをつけて投稿してね
ワークマンに関するYouTube、TikTok投稿を見て、ワークマンアンバサダーへお誘いすることがあります
※入荷情報は店舗へお問い合わせをお願いします。
www.tiktok.com/@workman.jp

@ workman_plus

まずは公式アカウントでオリジナルハッシュタグを付けてシェア。これを見たユーザーがマネしてシェアすることでUGCが増える。

ります。

UGCが広まるにつれ、企業側はアカウント運用が楽になるという利点もあります。ユーザーのシェアをリポストすることで、コンテンツを新規に作成するコストがかからず、情報としても質の高いものを発信できるからです。

キャラクターを作り、エンタメ力を掛け合わせる

ユーザーにより楽しんでもらうコンテンツ作りを目指すなら、オリジナルキャラクターを起用することも効果的です。発信するコンテンツのエンタメ力が高まるだけでなく、ほかもにこんなメリットがあります。

- **親近感を与えられる**
- **認知を広めて記憶に残せる**
- **商品化ができる**

キャラクターを導入することでユーザーと企業の心理的距離を縮め、親近感を与えられます。また、キャラクターが存在することでブランドの認知を広め、記憶に残りやすくなるというメリットがあります。キャラクターが人気になれ

キャラクターが登場することでレシピ紹介がエンタメに

@ zespri_jp

『ゼスプリキウイ』の公式アカウントでは『キウイブラザーズ』というキャラクターが人気です。季節感を演出した写真のビジュアルやレシピ紹介など、商材がキウイたったひとつでも、見た目に飽きさせない工夫がされています。

キウイブラザーズのぬいぐるみが当たるキャンペーンも実施しています。

ば、グッズを製作してキャンペーンをしたり、場合によってはグッズを販売したりすることもできるようになります。

キャンペーンを実施して多角的な効果を得る

各種キャンペーンを実施することでも、さまざまな効果が期待できます。例えば人気の調理家電を賞品にして応募者を募り、応募方法としてフォローや投稿へのいいね！、リポストなどをしてもらうのです。フォローをお願いすればフォロワーさんの増加を見込めますし、いいね！やコメントが多く寄せられればエンゲージメントが高まります。また、リポストをしてもらえれば多くの人にキャンペーンの情報が拡散され、ブランドや商品・サービスの認知も広がります。さらに、過去に商品やサービスを利用したことがあるユーザーや、足が遠のいていた顧客の心を再びつかめるというチャンスもあります。

多くの人に参加してもらうために、キャンペーンを実施する際は、企業側にとっても参加者にとってもメリットのある条件を考えるようにしましょう。

カルーセル投稿で内容を分かりやすくまとめる

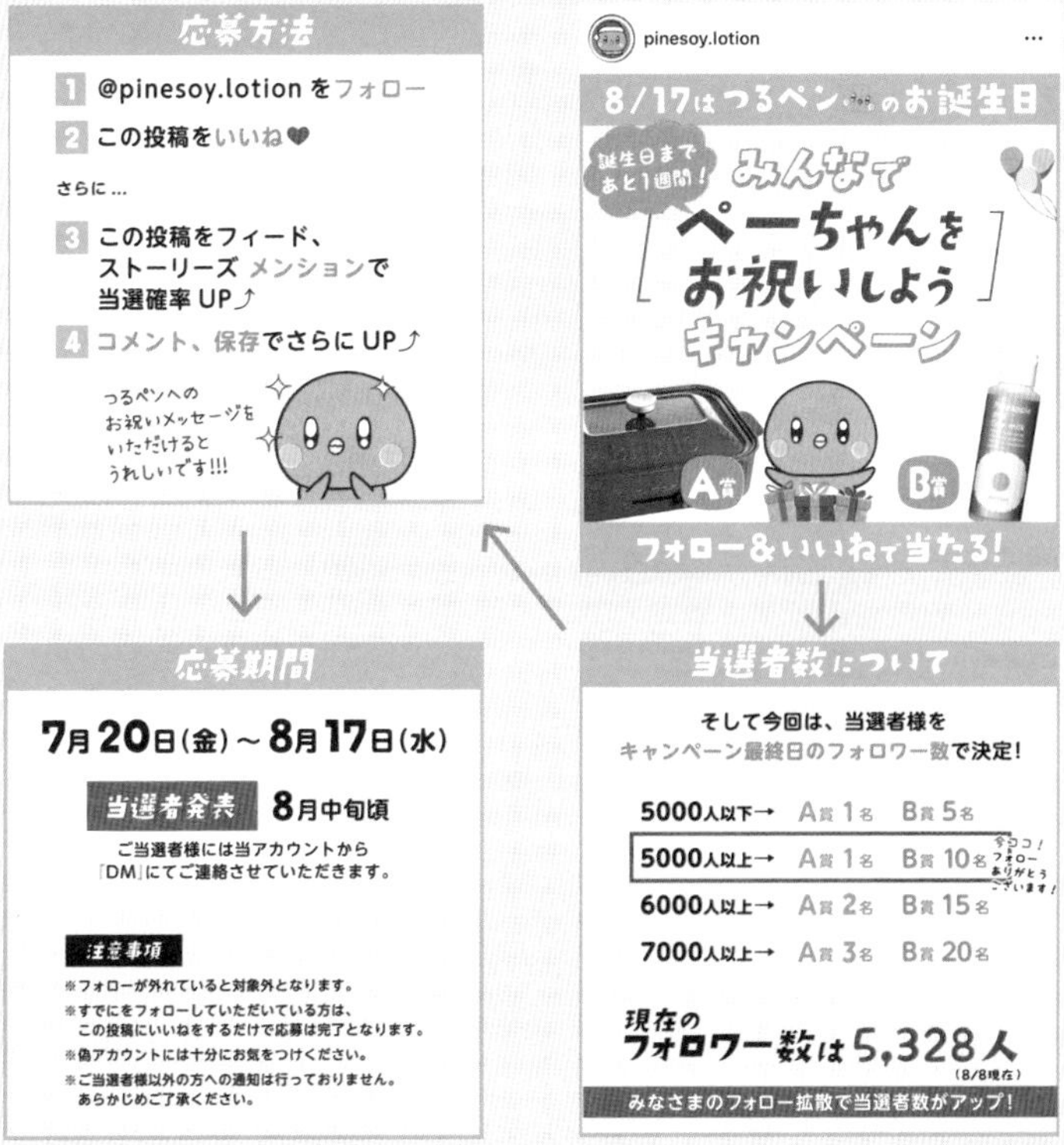
応募方法
1 @pinesoy.lotion をフォロー
2 この投稿をいいね
さらに…
3 この投稿をフィード、ストーリーズ メンションで当選確率 UP
4 コメント、保存でさらに UP
つるペンへのお祝いメッセージをいただけるとうれしいです!!!
pinesoy.lotion
8/17はつるペンのお誕生日
誕生日まであと1週間！
みんなで
ペーちゃんをお祝いしよう
キャンペーン
A賞
B賞
フォロー&いいねで当たる!
応募期間
7月20日(金)～8月17日(水)
当選者発表 8月中旬頃
ご当選者様には当アカウントから「DM」にてご連絡させていただきます。
注意事項
※フォローが外れていると対象外となります。
※すでにをフォローしていただいている方は、この投稿にいいねをするだけで応募は完了となります。
※偽アカウントには十分にお気をつけください。
※ご当選者様以外の方への通知は行っておりません。あらかじめご了承ください。
当選者数について
そして今回は、当選者様をキャンペーン最終日のフォロワー数で決定!
5000人以下→ A賞 1名 B賞 5名
5000人以上→ A賞 1名 B賞 10名
今ココ！フォローありがとうございます！
6000人以上→ A賞 2名 B賞 15名
7000人以上→ A賞 3名 B賞 20名
現在のフォロワー数は5,328人
(8/8現在)
みなさまのフォロー拡散で当選者数がアップ!

※このキャンペーンは終了しています。

@ pinesoy.lotion

私が監修をしているアカウントでは、キャンペーンにイベント性を持たせることで、親近感や参加意識を高める工夫をしています。また、応募要項を丁寧にまとめた画像を作成し、カルーセル投稿でシェアしています。このように視覚的に分かりやすくすることで、応募のハードルを下げるだけでなく、ユーザーの混乱を防ぎ、キャンペーンについての問い合わせ対応の手間も減らせます。

「ショップ」を活用して販売ルートを拡大する

Instagramでは、アカウントと自社のECサイトを連携させることができます。アップした商品の写真や動画にタグ付けすることで、ECサイトのページに直感的に移動できるようになっているため、ECサイトだけでは集客が難しく、商品の売れ行きが伸び悩んでいる企業の救世主となるでしょう。

このショッピング機能を「ショップ」と呼びます。国内外のInstagramユーザー20億人を取り込んで販路を増やすことができるため、ブランドの知名度向上だけでなく、購買率アップが見込めます。世界中にユーザーのいるInstagramの販路を使って、日本のみでなく海外の顧客を増やすことも夢ではありません。

アプリ内で販売・購入が成立する

ECサイト

投稿

@ muji_global

コンテンツ内のタグ付けやショップで気になった商品を選択し、「ウェブサイトで見る」をタップすると、ECサイトのページにアクセスすることができるため、販売から購入までがInstagramの中で完結します。

Instagram ショッピングの設定フロー

Instagramショッピングは、以下のフローで導入することができます。それぞれ、ステップごとに解説していきます。

1 利用条件を満たしているか確認

利用できる国を拠点としているか、商品は販売可能なものなのか、販売者契約とコマースポリシー（商品に対する規定の基準）を遵守しているかなどを確認します。詳細は左ページQRコードの公式サイトに記載されています。

▼

2 Facebookページとリンクさせる

Facebookページを作成し、Instagramのビジネスアカウントと連携させます。その際、カテゴリの選択を指示されますが、自身のビジネスに近いものを選びましょう。

▼

3 Facebookページにショップを追加し、商品カタログを設定する

Facebookページの設定から「ショップ」を追加し、「新しいカタログ」の作成や「アイテムの追加」を完了させ、ショップを公開します。

▼

4 審査を申し込む

Instagramの設定画面にて作成した商品カタログとのリンク・申請を行います。審査プロセスは数日かかり、終了次第お知らせが届きます。

▼

5 Instagramの投稿に商品タグを追加する

承認が完了すると、投稿やストーリーズ、リールなどのコンテンツに商品のタグ付けが可能になります。タグ付けしたアイコンから、商品ページに飛べるようになります。

※コマースポリシーと設定プロセスの詳細は、
Meta社の公式サイトをご確認ください。

Instagramでコストパフォーマンスの高い広告を出す

Instagramでは広告の配信が可能で、大きなメリットとして詳細なターゲティングができることと、低予算で掲載できることの2つが挙げられます。

これまで広告といえば、テレビや雑誌、新聞、街頭など規模の大きなマス広告が主流。出稿費は何十万～何千万など高額で、広告費に潤沢な予算がある大企業しか出すことができませんでした。一方、Instagramでは一日1米ドル、日本円にすると130円程度（2023年2月時点）から広告を配信することができるため、ハードルがとても低いのが利点です。また、ターゲット層を細かく設定することができ、リーチを狙いたい層に的確に広告を表示することが可能です。

それでは、次のページから配信のポイントについて詳しく解説していきます。

発信したコンテンツを広告として流用する

発信した投稿やストーリーズ、リールを広告として誰でも手軽に配信することができます。

広告配信のポイント

❶ ターゲットを絞り、効率的に配信する

Instagramでは、リーチさせたいターゲット層を絞って広告を配信することができます。

ユーザーの住んでいる地域、年齢、性別、言語、興味・関心、行動などに加え、実際にフォローにつながったかなど、何らかの成果が発生したアカウントと似た属性を持つ層にも広告配信ができるのです。

ターゲットはInstagram上で「オーディエンス」と呼ばれ、対象とする範囲が広すぎると、効果的な配信につながりません。そのため、フォロワーさんの類似アカウントに設定される自動最適化機能を活用してみるのもひとつの手でしょう。自分のアカウントに興味を持ってくれている現状のフォロワーさんと同じ属性のユーザーに届けられるため、効果的な配信が期待できます。

広告配信のポイント

❷ まずは、一日数百円で2週間を目安に配信

Instagram広告は、一日数百円でスタートし、効果が見込めると感じられればもう少し予算を上げてもいいでしょう。無理のない予算のかけ方で、最大の効果を狙えるのもInstagram広告の魅力なのです。

また、配信する期間は、1〜30日の中で設定することができます。ここで覚えておきたいのが、Instagramでの広告配信で大切なのは、意外にも費用ではなく、期間であること。ある程度の長い期間を設定することで、期間の初めの頃にリーチしたユーザーとは別のユーザーにも広告が表示されるようになります。目安としては2週間程度。低予算でも効率よく潜在顧客に届けるため、配信期間はしっかりと検討しましょう。

広告ツールの作成手順

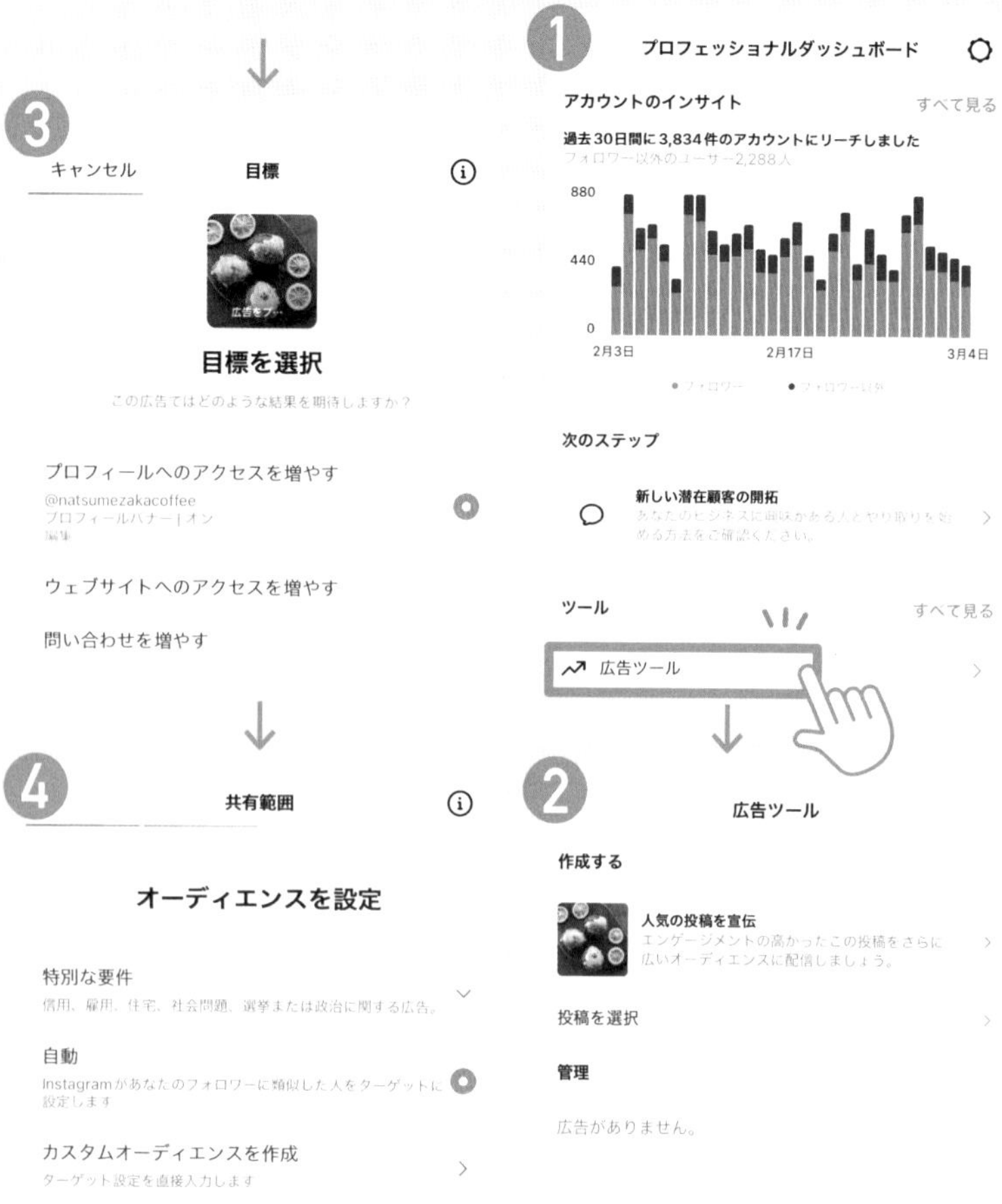

❶プロフィール画面中央の「プロフェッショナルダッシュボード」をタップし、「広告ツール」を選択します。❷広告に使用したい投稿を選びます。

❸広告のリンク先となる目標を選択します。❹リーチさせたいオーディエンスを選択します。「自動」ではフォロワーの類似アカウントに届くようになります。

❺1日の予算と、期間を選択します。右上の「i」アイコンをタップするとおすすめの金額が表示されるため、初めはそこから様子を見るのも◎。

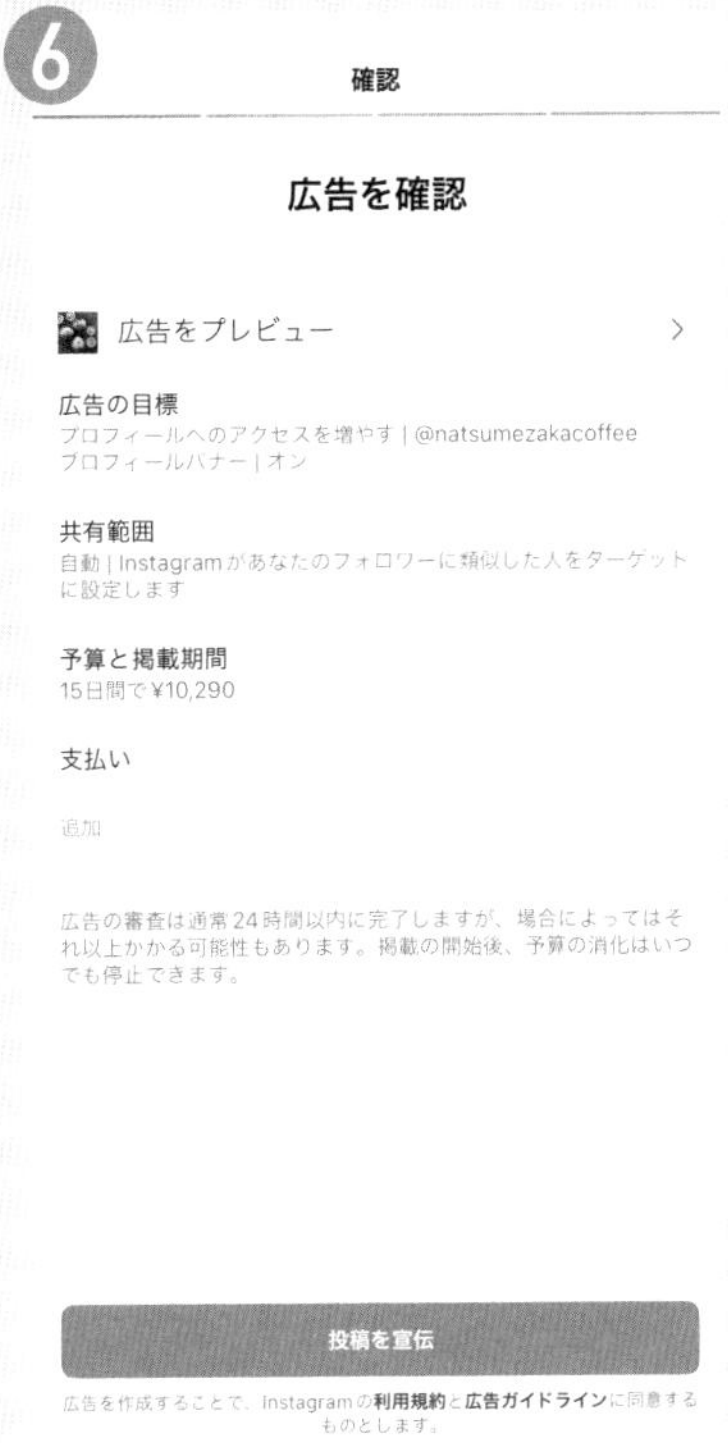

❻設定した内容を確認します。「支払い」の「追加」をタップすると、カードやPayPalから支払い方法を登録できます。

お手本にしたい企業アカウント

数ある企業アカウントの中でも、商品の見せ方が上手だったり、エンゲージメントが高まる工夫をされている例をご紹介します。

まずは全国各地に店舗を構えるホームファニシングストアの『ニトリ』。公式アカウントでは、お部屋の雰囲気やカラーに合わせて商品をコーディネートして提案しています。実際のお部屋をイメージしたセットに商品が取り入れられることで、ユーザーは使用感を想像しやすくなり購買につながるのです。

投稿はカルーセル投稿で、1枚目でコーディネートを見せて、2枚目以降に商品の詳細を見せるなど、カタログ的な手法が取り入れられています。

また、まとめ機能を使うことで、よりユーザーが欲しい情報に効率良くアクセスできるようになっています。

カルーセル投稿やまとめ機能で商品の魅力を分かりやすく発信

①ニトリ公式（@nitori_official）

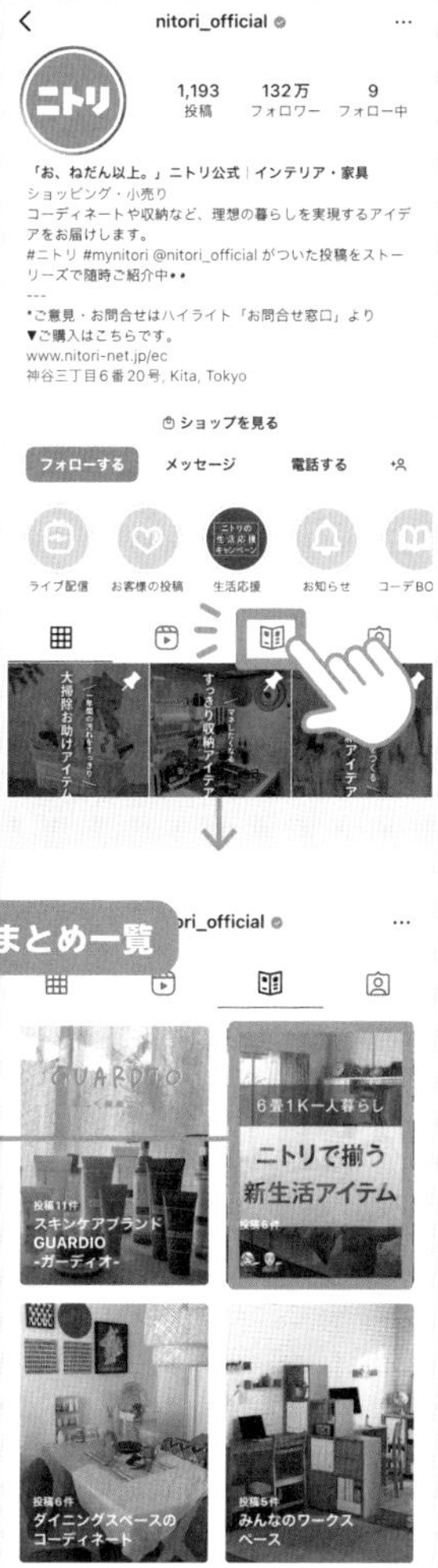

カルーセル投稿でコーディネートと商品の切り抜き写真を両方見せることで、カタログのように分かりやすく商品の魅力が伝わる。

〝作業服〟のイメージを脱却し、日常使いもできる高機能のアイテムが若い世代からも大人気の『ワークマン』。私も何着か愛用しています。

P220ではハッシュタグ「#ワークマン女子」の話に触れましたが、ワークマンでは、同社の顧客をネット上で探し「公式アンバサダー」として商品開発や、SNSでの宣伝を依頼するアンバサダーマーケティングで急成長を遂げました。まさにSNSを味方につけた企業アカウントの代表例ともいえます。

また「#ワークマン女子総選挙」のような、ユーザーが参加できるキャンペーンを実施することで、多くのリアクションを獲得しやすい仕組みを作っています。このようにしてエンゲージメントを意識した施策を行うことで、ブランドの認知が広まります。

そのほかにも「◯◯パンツ5選」といった企画性のある投稿も魅力です。このような投稿は雑誌感覚で楽しむことができ、商品が気になれば保存にもつながり、エンゲージメントがアップしやすいのです。

いいね！や保存を促す投稿でエンゲージメントを高める

②ワークマン公式 (@workman_plus)

いいね！をタップすることで、ユーザーがキャンペーンに参加できる。

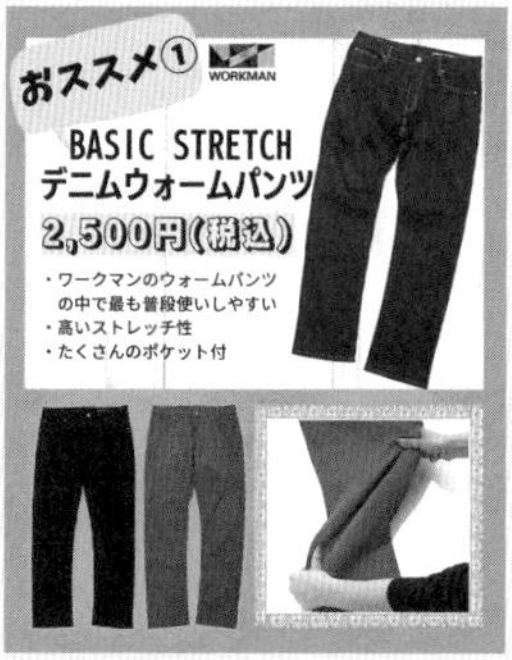

雑誌のようなレイアウトが見ていて楽しく、商品の特徴がパッと見で分かる。

chapter

10

間違わなかったInstagramは人生の幅を広げてくれる

―実践編―

ここまで読んでいただき、Instagramの間違いだらけの先入観、そしてInstagramに愛される方法を理解していただけましたか？　この本で身につけた知識をぜひ、実践してみてくださ い。できることをコツコツと続ければ、必ず結果はついてきます。最後に、間違わなかったInstagramの先に成功を手にした実例をご紹介して、本書の締めとさせてください。

Instagramで成功するのに年齢や肩書は関係ない

Instagramはいつでも誰でも無料で使うことができますが、「今から始めても遅い」「この歳で実践しても伸びるはずがない」と半信半疑の方もいらっしゃるかと思います。そこで、ある女性をご紹介させてください。

本書の冒頭にある「はじめに」でも触れましたが、フード&ビューティジャーナリストの岩谷貴美さんは、2020年に出版した私の著書を読み、ご自身のInstagramで実践したところ、たった1年間で3千人から5万人ものフォロワーさんを増やすことに成功されたそうです。その後も「Instagramに愛される方法」を忠実に実践されたことで、今では9万6千人のフォロワーさんを誇り、ますますご活躍の場を広げられています。

私と岩谷さんはInstagramを通じた仕事で出会いましたが、共通の知人もおり、イベントに顔を出してくださったり、交流を続けています。

実際に岩谷さんのような方がいらっしゃるということが、私にとっては大きな喜びであり、Instagramの可能性を実感した出来事でした。そして「岩谷さんのような方をもっと増やしたい」という思いが、今回の『間違いだらけのInstagram』出版の原動力になりました。

ここでは、岩谷さんにお話を伺い、前作から具体的にどのような部分を生かしたのか、Instagramを始める前と後で変わった点などについて、コメントをいただきました。

Q1．前作を読んでどんなところが参考になりましたか？

A．まずはプロフィールグリッドの9枚の世界観です。それまでの私のアカウントにはあまり統一感がなく、世界観を演出できていませんでした。Dさんの本を読み、9枚が並んだ状態できれいに見えるように、写真のテーマや並びを

Dの著書から学んで1年でフォロワーさん5万人アップ

Takami Iwayaさん（@takamiiwaya）

プロフィール

食と美容のジャーナリスト。雑誌やWebでの執筆のほか、テレビやラジオの出演、食コンテストの審査員や、百貨店催事のプロデュース、企業のコンサルティング、商品開発などにも携わる。食のジャンルは和食・フレンチ・イタリアン・中華からスイーツまで。スイーツに関しては、年間約3千品以上を食する。

色とりどりのスイーツが目を引く岩谷さんのプロフィールグリッド。それぞれの列がカテゴリ分けされていて、見やすく整えられています。

モンブランの列

アフタヌーンティーの列

自分が写っている写真かモンブラン・アフタヌーンティー以外のスイーツの列

意識しました。列ごとにカテゴリ分けするという方法も取り入れています。今は、1列ごとに自分が写っている写真かモンブラン・アフタヌーンティー以外のスイーツの列、アフタヌーンティーの列、モンブランの列と決めて写真や動画をまとめています。並びを整えたことで、プロフィールグリッドが見やすくなり、プロフィール画面の印象が洗練されたと思っています。

もうひとつは「読者にとって有益な情報を発信する」ということです。例えば、過去に撮った写真ではなく、私の投稿を見てくれた方が「今手に入るもの、今体験できること」を発信するようにしています。これも、常にフォロワーさんを大切にされているDさんの姿勢から学びました。

今ではありがたいことに、毎日数件回っても回りきれないくらいの試食のオファーをいただくので、常に新しい情報をお届けできています。

Q2.フォロワーさんとのコミュニケーションはどうされていますか?

A.毎日のいいね!返し、コメント返しはもちろんのこと、いいね!周りも続けています。もう私の中では顔を洗うのと同じくらい当たり前のことです。

Q3. 岩谷さんのコンテンツはスイーツがメインですが、何か意識されていることはありますか?

A. まずはたくさんの写真や動画の中で「目につくこと」が大切なので、インパクトを意識しています。例えばモンブラン単体の写真は真ん中に配置して、寄り気味で撮影した方がインパクトが出ます。逆に、アフタヌーンティーは小さなスイーツの集合の美しさがインパクトになるので、全体を写すように引きで撮影しています。

そして、色味は極端な加工はしないようにしています。できるだけ見たままの色の方がおいしそうに見えるからです。

Q4. フォロワーさんが増えたことで、お仕事に変化はありましたか?

A. たくさんの企業から試食やお仕事のお声をかけていただけるようになりました。Instagramがきっかけとなってテレビやラジオの出演のオファーをいただいただくことも多いです。
　ほかにも、同じような食関係のインスタグラマーさんや、企業のアカウント運用に関してコンサルティングをすることもあります。

Q5．ご自身の発信力について変化を感じるようになりましたか？

A．「投稿を見て買いました」や「リールを見て行きました」という報告をコメントでいただいたり、実際にお会いしてお聞きする機会が増え、日々うれしく実感しています。それが仕事のモチベーションアップにもつながっています。

Q6．Instagramをやっていて、良かったと思うことは何ですか？

A．Instagram経由でご招待いただく試食会などで、新たな出会いがあること。その出会いがまた別のお仕事につながることもあります。
　最初は「みんながやっているから」くらいのノリで始めたInstagramですが、Dさんの本を読み、私の世界が広がりました。Dさん、本当にありがとうございました。

※このインタビューは編集部が代理で行いました。

Instagramで付加価値がついたことで活躍の場がグッと広がりました

takamiiwaya
フジテレビ
1:56
1日20～30品スイーツ食すくろうと岩谷
この夏はメロメロに！最先端メロンスイーツ番付
くろうと番付
本日のくろうと
フードジャーナリスト 岩谷貴美
1日20～30品のスイーツを食す
お店とコラボしたメロンメニュー考案
「タカミメロン」に運命を感じた
いいね！： 他
takamiiwaya 7/19、フジテレビ「ポップUP！」のくろうと番付「"最先端"メロンスイーツ番付」に生出演させて頂きました♪
番組公式Instagramをリポストさせて頂きます。
ご紹介したのは下記のメロンスイーツ

takamiiwaya
東武百貨店 池袋店
いいね！： 他
takamiiwaya 1/31、東武池袋百貨店で【ChocolatMarché】がスタート
@tobu_ikebukuro... 続きを読む

takamiiwaya
パークハイアット東京
1/5
いいね！： 他
takamiiwaya パークハイアット東京 クリスマスケーキ2022 プレスプレビューにお招き頂きました

Instagramで成功するには、**年齢も肩書も関係ありません。**やる前から「今からでは遅い」と諦めてしまうのはもったいないと思いませんか？　Instagramはあなたの人生の幅を広げてくれます。この本を読んでくださったすべての方に、岩谷さんのような可能性が広がっています。

おわりに

このガイド本のエピローグへご到着の読者の皆さま、お疲れさまです！

「お疲れさまです！」って普段は親しい方にしか言いませんが、この本を通して、時に難しいガイドを乗り越えてくださった皆さまとは、著者と読者といった関係を越えて、勝手ながら絆を感じています！　なので、あえて「お疲れさまです」を使わせていただきました。そして、少しでも皆さまのお役に立てていれば幸いです。


この場を借りて、この本を共に作ってくださった方への、謝辞へ移ります。

編集長の大崎さん。本を成立させる重要な役目を担っていただき、ありがとうございました。編集のみならず、私の考えていることを文章と図解で表現していただき、尽力してくださったロースターの皆さまにも感謝しております。

カバーや見出しへのアドバイスをくださった竹村さん。お忙しい中たくさんのご助言ありがとうございました。

柿内さんはじめアスコムの皆さま。書店さんへの商談含めて大変お世話になりました。本棚に並ぶ光景を見るのが、今から楽しみです（柿内さんの講演会は、ためになるお話が多くて、とても勉強になりました）。

私への印象のコメントをくださった諸先輩方ありがとうございました。自分でお願いしておきながら、いざお言葉を頂戴すると光栄ながら恐縮する気持ちでいっぱいです。今後ともよろしくお願いします！

本を購入してくださった読者の皆さま。本来なら直接お礼を申し上げるべきところ、文中にて申し訳ございません。この本をお手に取って下さり、ありがとうございます。私のInstagramの知識が皆さまのお役に立てるよう、これからも尽力する所存です。

この本では、あまり私のことについて書かなかったので、最後にインスタグラマーらしい近況ありの雑談など。

私は3年ほど前に、広告制作会社と共同でプロデュースした『ニャン公』(NyanCo.)というエンタメを通して、犬さん猫さんの殺処分を減らす活動をしてきました。その延長線上に、「保護猫の像」を秋葉原の待ち合わせスポットにできないか、RAB(リアルアキバボーイズ)のけいたんさんと構想しています。

東京にはJR山手線が走っていますが、その駅のひとつ、渋谷駅には「忠犬ハチ公」の銅像があり、日本を代表する待ち合わせスポットとして知られています。この「忠犬ハチ公」の像は、大正から昭和初期に実在した「ハチ」という犬が、飼い主亡き後も渋谷駅の前でご主人の帰りを待ち続けたという感動的な実話が由来です。しかし、ハチは飼い主の亡き後、いろいろな家のペットとしてたらい回しにされ、時に通行人や商売人から虐待され、子供にいたずらされていたという悲しい歴史があるそうです。そんな扱いをしながら、都合のいい面だけにスポットライトを当ててしまう、私たち人間の動物に向ける身勝手さにガッカリしました。

令和の今、動物の迎え方は昭和からアップデートされてもいいのではと思っています。そのアップデートされた関係性の象徴が「保護猫」「保護犬」という迎え方なのかなと。銅像を建てたいと思っている場所は、渋谷駅と山手線の反対側に位置する秋葉原駅に。一度愛されることを失った犬猫に、別の人間が家族として本当の愛情を与えるという、令和の時代らしい人間と動物の関係がそこにはあります。

私たち人間が、ちょっと「美談」にしすぎた渋谷のハチ公の反対側の秋葉原駅前に、動物と人間の新しい関係を象徴する存在を築きたい——それが、この保護猫の像の企画意図です。もう二度と、悲しいハチ公を生まないために。

最後にちょっと重たかったかもしれない話を読んでいただき感謝です。

この銅像の建設話が実現しそうなのもInstagramのおかげ、フォロワーさんのおかげです。私はInstagramでは「好きなこと」だけでなく「世の中からなくしたいこと」も発信できるところが魅力だと思っています。犬猫の殺処分を減らしたくて、発信を続けてきたことで、活動について知っていただき、銅像ができればより多くの人に「保護猫・保護犬を迎える」という選択肢を知ってもらえるきっかけになります。

銅像が秋葉原駅前にできた際は、気軽に待ち合わせに使ってくださいね。

それでは、最後まで読んでいただきありがとうございました！

またInstagramでお会いしましょう。フォローをお返しするアカウントもあるので、勝手にフォローさせていただくかもです！

D（ディー）

学生の頃にInstagramを始め、これまでに『アルマーニ』や『プラダ』などからファッションショーの招待状が送られるインスタグラマーとなる。2020年からは、3歳の頃から好きだったアニメの投稿をプラスし、試行錯誤を続けた結果、世界中で290万フォロワーを突破。現在は最前線でインスタグラマーとして活動しつつも、企業SNSのコンサルティングや、保護猫活動に注力している。

Instagram

HP

Roaster Label

編集長	大崎安芸路
副編集長	豊泉陽子
編集	笹 元、夏堀めぐみ、西尾くるみ
編集協力	中條 基
デザイン	谷水佑凪
イラスト	前川佳穂
執筆協力	稲井たも
校正	植嶋朝子
写真撮影	藤井由依、菅原景子
ヘアメイク	藤原早代
出版プロデューサー	竹村 響

『Roaster Label』は
株式会社ロースターの書籍レーベルです。
最新情報はこちら

制作・プロデュース　株式会社ロースター

〒162-0052
東京都新宿区戸山1-11-10　Rビル2F
TEL：03-5738-7390
URL：https://roaster.co.jp/

ゼロから世界で290万フォロワーの
インスタグラマーになれた「D」が教える
間違いだらけのInstagram

発行日　2023年 4月24日　第1刷

著者　D

編集統括　柿内尚文
営業統括　丸山敏生
営業推進　増尾友裕、綱脇愛、桐山敦子、相澤いづみ、寺内未来子
販売促進　池田孝一郎、石井耕平、熊切絵理、菊山清佳、山口瑞穂、吉村寿美子、矢橋寛子、遠藤真知子、森田真紀、氏家和佳子
プロモーション　山田美恵、山口朋枝

編集　小林英史、栗田亘、村上芳子、大住兼正、菊地貴広、山田吉之、大西志帆、福田麻衣
講演・マネジメント事業　斎藤和佳、志水公美、程桃香
メディア開発　池田剛、中山景、中村悟志、長野太介、入江翔子
管理部　八木宏之、早坂裕子、生越こずえ、本間美咲、金井昭彦
マネジメント　坂下毅
発行人　高橋克佳

発行所　株式会社アスコム

〒105-0003
東京都港区西新橋2-23-1　3東洋海事ビル
編集局　TEL：03-5425-6627
営業局　TEL：03-5425-6626　FAX：03-5425-6770

印刷・製本　株式会社光邦

Printed in Japan ISBN 978-4-7762-1244-7